만델브로트가 들려주는 프랙탈 이야기

수학자가 들려주는 수학 이야기 06

만델브로트가 들려주는 프랙탈 이야기

초판 1쇄 발행일 | 2008년 1월 24일
초판 24쇄 발행일 | 2021년 6월 24일

지은이 | 배수경
펴낸이 | 정은영

펴낸곳 | (주)자음과모음
출판등록 | 2001년 11월 28일 제2001-000259호
주소 | 04047 서울시 마포구 양화로6길 49
전화 | 편집부 (02)324-2347, 경영지원부 (02)325-6047
팩스 | 편집부 (02)324-2348, 경영지원부 (02)2648-1311
e-mail | jamoteen@jamobook.com

ISBN 978-89-544-1548-4 (04410)

만델브로트가 들려주는

프랙탈 이야기

| 배 수 경 지음 |

㈜자음과모음

수학자라는 거인의 어깨 위에서
보다 멀리, 보다 넓게 바라보는 수학의 세계!

　수학 교과서는 대개 '결과' 로서의 수학을 연역적으로 제시하는 경향이 강하기 때문에 학생들은 수학이 끊임없이 진화해 왔다는 생각을 하기 어렵습니다. 그렇지만 수학의 역사는 하나의 문제가 등장하고 그에 대해 많은 수학자들이 고심하고 이를 해결하는 가운데 새로운 아이디어가 출현해 온 역동적인 과정입니다.

　〈수학자가 들려주는 수학 이야기〉는 수학 주제들의 발생 과정을 수학자들의 목소리를 통해 친근하게 이야기 형식으로 들려주기 때문에 학생들이 수학을 '과거 완료형' 이 아닌 '현재 진행형' 으로 인식하는 데 도움이 될 것입니다.

　학생들이 수학을 어려워하는 요인 중의 하나는 '추상성' 이 강한 수학적 사고의 특성과 '구체성' 을 선호하는 학생의 사고의 특성 사이의 괴리입니다. 이런 괴리를 줄이기 위해서 수학의 추상성을 희석시키고 수학 개념과 원리의 설명에 구체성을 부여하는 것이 필요한데, 〈수학자가 들려주는 수학 이야기〉는 수학 교과서의 내용을 생동감 있게 재구성함으로써 추상적인 수학을 구체성을 갖는 수학으로 변모시키고 있습니다. 또한 중간중간에 곁들여진 수학자들의 에피소드는 자칫 무료해지기 쉬운 수학 공부에 있어 윤활유 역할을 할 수 있을 것입니다.

〈수학자가 들려주는 수학 이야기〉의 구성을 보면 우선 수학자의 업적을 개략적으로 소개하고, 6~9개의 강의를 통해 수학 내적 세계와 외적 세계, 교실 안과 밖을 넘나들며 수학 개념과 원리들을 소개한 후 마지막으로 강의에서 다룬 내용들을 정리합니다. 이런 책의 흐름을 따라 읽다 보면 각 시리즈가 다루고 있는 주제에 대한 전체적이고 통합적인 이해가 가능하도록 구성되어 있습니다.

〈수학자가 들려주는 수학 이야기〉는 학교 수학 교과 과정과 긴밀하게 맞물려 있으며, 전체 시리즈를 통해 학교 수학의 많은 내용들을 다룹니다. 예를 들어《라이프니츠가 들려주는 기수법 이야기》는 수가 만들어진 배경, 원시적인 기수법에서 위치적 기수법으로의 발전 과정, 0의 출현, 라이프니츠의 이진법에 이르기까지를 다루고 있는데, 이는 중학교 1학년의 기수법의 내용을 충실히 반영합니다. 따라서 〈수학자가 들려주는 수학 이야기〉를 학교 수학 공부와 병행하면서 읽는다면 교과서 내용의 소화 흡수를 도울 수 있는 효소 역할을 할 수 있을 것입니다.

뉴턴이 'On the shoulders of giants'라는 표현을 썼던 것처럼, 수학자라는 거인의 어깨 위에서는 보다 멀리, 넓게 바라볼 수 있습니다. 학생들이 〈수학자가 들려주는 수학 이야기〉를 읽으면서 각 수학자들의 어깨 위에서 보다 수월하게 수학의 세계를 내다보는 기회를 갖기 바랍니다.

홍익대학교 수학교육과 교수 |《수학 콘서트》저자 **박 경 미**

가장 단순한 것이 가장 아름다울 수 있음을 느끼게 하는 '프랙탈' 이야기

수학문제 속에서 한참을 뽀글뽀글 헤엄치다가 문득 고개를 들어보면 우리가 살고 있는 세상은 이런 수학과는 거리가 있어 보입니다. 내가 문제집에서 방정식으로 표현한 매끈한 원이나 넓이를 구한 반듯반듯한 삼각형이 내 주위에 몇이나 되는 걸까? 이런 생각이 꼬리에 꼬리를 물게 되면 수학은 수학일 뿐 내가 몸담고 살아가는 이 자연의 세계와는 별개라는 결론에 도착하게 되지요. 그리고 대부분의 사람들이라면 가슴 속에서 몽글몽글 끓어오르는 호기심과 의구심은 저 밑바닥에 묻어버린 채 또다시 문제라는 거대한 바다 속으로 잠수하게 되기 쉽습니다.

하지만 정규 학교교육을 차근히 밟지 않았던 만델브로트는 보통의 사람들과는 달랐습니다. 우리가 느꼈지만 저 밑바닥에 숨겨 두었던 의구심을 오히려 수면 위로 끌어올리고 지금까지의 잣대와는 전혀 다른 잣대를 찾았던 겁니다.

"구름은 구 모양이 아니고 산은 원뿔 모양이 아니다. 또한 해안선은 원 모양이 아니고 나무껍질은 매끈하지도 않으며, 번개 역시 직선으로 움직이지 않는다!"

자연을 바라보며 탄식하듯 내뱉은 그의 말은 그저 말로만 그치지 않았습니다. 지금까지 모든 사람들이 해 오던 것처럼 산의 모양을 머릿속에서 만들어진 원뿔이라는 가상의 도형에 끼워 맞추기보다는 자연 그대로의 모습을 읽어낼 수 있는 새로운 수학 — '프랙탈'을 창조해 낸 것입니다.

정말 멋진 일이 아닐 수 없습니다.

그리고 그의 새로운 수학에서 더욱 놀라운 것은 그토록 복잡하고 신비로운 아름다움을 간직한 프랙탈이 사실은 너무나도 단순한 것에서부터 출발하고 있다는 것입니다. 뿐만 아니라 우리 인간의 몸이나 생활 속에서 일어나는 어떤 현상들까지도 읽어내고 해석하며 이것이 인간을 이롭게 하는 실질적인 용도로 사용될 수 있다는 점입니다.

이 책은 새로운 수학인 '프랙탈'을 만델브로트의 입을 빌어 수학의 초보인 여러분들까지도 이해하기 쉽게 풀어낸 책입니다. 유한과 무한을 함께 담고 있고 우리의 삶 속에서 음악, 미술, 경제, 의학 등의 다양한 옷을 입고 나타나는 프랙탈. 그 속에서 새로움과 신비로움을 함께 즐기면서 때론 가장 단순한 것이 가장 아름다울 수 있다는 것을 여러분도 느끼게 되길 바랍니다.

2008년 1월 **배 수 경**

1 이 책은 달라요

《**만델브로트**가 들려주는 **프랙탈** 이야기》는 우리가 학교에서 배우는 도형의 세계와는 다른 기하의 세계로 안내합니다. 대한민국 서해안에서 펼쳐지는 프랙탈 캠프에서 다양한 활동과 체험을 하고 만델브로트 선생님의 명쾌한 강의, 멋진 자료 화면들을 통해 프랙탈이 무엇인지 알게 됩니다. 여러분이 캠프의 참가자가 되어 활동과 강의를 따라가다 보면 생각하지 못했던 자연과 우리 몸에 숨겨진 프랙탈의 세계를 접하고 이해하게 됩니다.

2 이런 점이 좋아요

이 책은 학교 수학에서 보지 못하는 새로운 기하의 세계를 통해 딱 맞게 짜여진 수학보다는 좀 더 자연스럽고 응용이 가능한 프랙탈 수학을 만나게 해 줍니다. 그렇기 때문에 우리가 몸담고 있는 사회를 이해

하고, 음악과 미술을 통해 수학이 동떨어진 학문이 아니라 다른 학문과 끈끈하게 맺어져 있음을 느끼게 합니다. 수학이 여러분 가까이에 있음을 알게 하지요. 또한 컴퓨터가 단순히 수를 계산하는 것을 넘어서 수학이 발전하는 데 큰 도움을 주었음을 알게 합니다.

3 교과 과정과의 연계

구분	단계	단원	연계되는 수학적 개념과 내용
초등학교	4-가	3. 각도	삼각형의 세 각의 크기의 합
	4-나	4. 수직과 평행	평행선과 한 직선이 만나서 생기는 각들의 성질
	5-가	6. 평면도형의 둘레와 넓이	둘레 구하기, 도형의 넓이
중학교	7-나	II. 기본도형	점, 선, 면, 평행선의 성질
	8-가	II. 근사값	오차
	8-나	II. 도형의 성질	삼각형의 성질
		II. 도형의 닮음	닮은 도형
고등학교	수학 I	II. 지수와 로그	로그
		III. 수열	무한등비수열의 합

첫 번째 수업 _ 해안선의 길이를 재어 볼까요?

우리나라의 서해안과 같은 리아스식 해안선의 길이를 재보는 활동을 통해 프랙탈 기하의 필요성을 알아봅니다.

- 선수 학습 : 유클리드 기하 및 비유클리드 기하
- 공부 방법 : 우리가 배운 유클리드 기하가 기하의 전부가 아니라 대상에 따라 새로운 수학이 탄생할 수 있다는 열린 마음을 가지고 공부합니다. 또한 유클리드 기하가 자연을 대상으로 했을 때 어떤 점이 부족한지 생각해 봅니다.
- 관련 교과 단원 및 내용
- 8-가 근사값 단원의 오차 개념을 익힙니다.
- 8-가 근사값 단원의 수행평가 자료로 활용 가능합니다.
- 고등학교 수리 논술 자료로 프랙탈 기하의 필요성에 대해서 익힙니다.

두 번째 수업 _ 내 안에 날 닮은 내가 또 있다

칸토어의 먼지, 여러 가지 자연 및 우리 인체의 기관들을 통해 프랙탈의 가장 큰 특징인 자기 닮음성에 대해 알아봅니다.

- 선수 학습 : 집합 단원을 배울 때 공부한 칸토어에 대해서 알아봅니다.

- 공부 방법 : 프랙탈의 가장 큰 특성인 자기 닮음성에 대해 생각해 보고 우리 주위에 이런 특성을 가진 것들이 무엇이 있는지 찾아보고 고민해 봅니다.

- 관련 교과 단원 및 내용

  - 수학자 칸토어가 집합에만 영향을 끼친 것이 아니라 프랙탈 기하학에도 관련이 있음을 알게 합니다.

  - 고등학교 수리 논술 자료로 우리 주위의 자연과 인체가 자기 닮음성을 가지고 있음을 알게 합니다.

세 번째 수업 _ 유한과 무한의 오묘한 조화

코흐의 눈송이의 둘레 길이를 구해봄으로써 유한과 무한이 오묘하게 조화를 이루는 프랙탈의 신비를 체험해 봅니다.

- 선수 학습 : 삼각형 세 내각의 합이 얼마인지, 무한등비수열의 합은 어떻게 구하는 것인지 공부합니다.

- 공부 방법 : 코흐의 눈송이의 둘레 길이를 직접 구해 보고 그 넓이와 비교하여 오묘한 조화를 생각해 봅니다. 또한 시어핀스키 삼각형이나

멩거 스펀지를 직접 제작해 보는 것도 재미있는 활동이 될 것입니다.

• 관련 교과 단원 및 내용

– 4-가 각도 단원과 8-나 삼각형의 성질 단원에서 삼각형 세 내각
의 합이 $180°$ 임을 공부합니다.

– 영재교육 프로그램의 주제로 자주 다루어지는 시어핀스키 삼각형
이나 멩거 스펀지 속에 담긴 프랙탈의 원리를 알게 합니다.

– 무한등비수열의 합에 대한 구체적이면서 직접적인 활동의 예가
될 수 있어서 이론적인 내용과 잘 연계될 수 있습니다.

네 번째 수업 _ 차원이 다른, 프랙탈의 차원

우리가 지금까지 알았던 차원으로는 프랙탈에 적용할 수 없음을 깨닫고
새로운 차원을 소개하고 구하는 방법을 알아봅니다.

• 선수 학습 : 유클리드 기하에서 말하는 정수 차원이 어떤 것인지 알
고 닮은 도형의 정의를 확실하게 공부합니다.

• 공부 방법 : 프랙탈 차원 실험을 직접 해 보고 차원을 계산해 보면
서 그 속에 닮은 도형이 어떻게 포함되어 있는지 생각해 봅니다. 또
한 유클리드 기하에서 말하는 차원과는 어떤 차이가 있는지 고민해
봅니다.

• 관련 교과 단원 및 내용

- 고등학교 수리논술의 자료로 차원이라는 것의 의미를 다시 한번 생각해 보고 사람의 관점에 따라 달라질 수 있음을 알게 합니다.

다섯 번째 수업 _ 자연은 프랙탈을 선택했다고

사람이 만든 프랙탈도 있지만 자연발생적으로 태어난 프랙탈은 더욱 신비롭습니다. 자연이 프랙탈 구조를 선택할 수밖에 없는 이유에 대해 공부하게 됩니다.

- 선수 학습 : 나무가 물과 영양분을 빨아들이는 과정 및 인간 뇌의 주름과 폐의 역할 등에 대해 알아 둡니다.
- 공부 방법 : 자연의 여러 가지 순환과 인간의 몸이 기능함에 있어서 어떤 방식을 택해야 효율적인지 생각해 봅니다.
- 관련 교과 단원 및 내용
- 고등학교 수리 논술의 자료로 우리가 살고 있는 자연과 우리 인체의 여러 가지 기관이 프랙탈 구조를 택할 수밖에 없는 필연적인 이유에 대해 알게 합니다.

여섯 번째 수업 _ 예술 속의 프랙탈

우리가 즐기는 음악에도 프랙탈이 숨어 있고, 프랙탈을 이용해 아름답고도 신비로운 미술 작품을 창조해 내기도 합니다. 어떤 작품들이 있는지 감상해 보고 프랙탈 작품을 직접 만들어 보아도 좋겠지요?

- 선수 학습

- 7-가 함수 단원의 반비례 함수에 대해 알면 도움이 됩니다.

- 7-나 도형의 성질의 테셀레이션과 관련하여 정다각형에 대해 공부합니다.

- 공부 방법 : 자신이 좋아하는 음악은 어떤 것이며 인기가요 순위에 올라와 있는 음악들의 특징에 대해 떠올려 봅니다. 또한 프랙탈을 응용해 만든 미술 작품에서 아이디어를 얻어 직접 작품을 만들어 보는 것도 좋습니다.

- 관련 교과 단원 및 내용

- 고등학교 수리 논술의 자료로 음악과 미술이 프랙탈과 어떤 연관성을 맺고 있는지 알게 됩니다.

일곱 번째 수업_ 우리 생활 속의 프랙탈

바쁘게 살아가고 있는 우리들이지만 주위를 가만히 살펴보면 프랙탈은 곳곳에 숨쉬고 있습니다. 주식 시장에서, 의학에서도 우리가 프랙탈을 응용해 생활을 더욱 풍요롭게 만들 수 있음을 알 수 있게 됩니다.

- 선수 학습 : 주식이 무엇인지 파킨슨병과 심장 박동 등에 대해 공부해 두면 좋습니다.

- 공부 방법 : 주가 곡선을 살펴보고 그 속에서 패턴을 발견할 수 있
  는지 살펴보는 것도 좋은 경험이 되며 의학계에서 프랙탈 이론을
  통해 도움을 받고 있는 것들에 대해 국내외 사이트를 검색해 보
  도록 합니다.
- 관련 교과 단원 및 내용
- 고등학교 수리 논술의 자료로 우리 주변의 경제, 의학 등에서 수
  학이 응용되는 실태에 대해 알게 됩니다.

여덟 번째 수업_ 프랙탈 기하학의 아버지

프랙탈 기하학을 지금까지 이끌어 온 만델브로트의 출생과 생애에 대해
들어 보고 프랙탈 기하학의 탄생 배경을 살펴봅니다. 또한 컴퓨터가 프
랙탈 기하학에 끼친 영향에 대해 알 수 있게 됩니다.

- 선수 학습 : 첫 번째 수업에서 우리나라 서해안과 같은 리아스식 해
  안의 길이를 재는 활동에 대해 다시 한 번 되짚어 봅니다.
- 공부 방법 : 자신이 만델브로트와 같은 상황에 처해 있었다면 이러
  한 창의적인 생각을 할 수 있을까 가정해 보고 자신의 현재 상황에
  서 가장 멋진 창의력을 발휘할 수 있는 영역은 어떤 것이 있을지 생
  각해 봅니다.
- 관련 교과 단원 및 내용

- 다른 사람의 인생을 간접적으로 경험해 보고 자신의 미래를 설계
    해 볼 수 있으며 컴퓨터가 수학에 미친 영향에 대해 수리 논술 자
    료로 활용할 수 있습니다.

아홉 번째 수업 _ 컴퓨터와 프랙탈의 찰떡궁합

컴퓨터의 발달이 있었기에 프랙탈 기하학의 발전이 더 가속화될 수 있
었습니다. 이러한 배경에서 만델브로트 집합과 줄리아 집합을 살펴보고
컴퓨터가 구현해 내는 프랙탈의 세계를 감상해 볼 수 있습니다.

- 선수 학습 : 대수 방정식을 다루는 능력이 요구되므로 7-가 방정식
  단원을 공부하면 좋습니다.
- 공부 방법 : 컴퓨터 프로그램을 이용해 만델브로트 집합과 줄리아
  집합을 직접 만들어 보는 것도 좋으며 인터넷을 이용해서 프랙탈
  아트를 더 많이 찾아보고 컴퓨터와 프랙탈의 아름다운 조화를 감상
  해 볼 것을 추천합니다.
- 관련 교과 단원 및 내용
  - 컴퓨터 과목과 연관하여 프로그램을 다룰 수 있다면 이를 통해 수
    학과 접목해 볼 수 있고 수리 논술 자료로 프랙탈 아트에 관해 이
    해할 수 있습니다.

만델브로트를 소개합니다

Benoit Mandelbrot (1924~2010)

나는 자연 그대로의 모습을 읽어낼 수 있는

새로운 수학 '프랙탈'을 창조했답니다.

지금은 '프랙탈 기하학의 아버지'로 불리고 있지요.

프랙탈은 라틴어인 'fractus'에서 따온 것으로

'부서진 상태'라는 의미입니다.

 여러분, 나는 만델브로트입니다

안녕하세요?

캠프에 입소하기 전에 캠프 원장인 내 소개를 간략하게 하겠습니다. 나는 1924년 폴란드의 바르샤바에서 태어났습니다. 무시무시한 제2차 세계대전을 겪으면서 피난을 다니는 통에 여러분처럼 제대로 된 학교 교육은 받지 못했답니다. 하지만 나에게는 멋진 별명이 하나 있습니다. 그것은 바로 '프랙탈 기하학의 아버지'입니다. 나는 이 이름으로 불리는 것을 매우 행복하게 생각합니다.

나는 1975년에 《자연의 프랙탈 기하학》이라는 책을 프랑스어로 출판하면서 이 별명을 얻게 되었습니다. 이 책은 내가 20년 동안 연구한 내용을 정리한 것으로 방대한 나의 수학적 관심이 잘 나타나 있지요.

사실 나의 스승이었던 프랑스의 수학자 가스통 줄리아와 피에르 파투는 1910년대에 완전히 무질서해 보이지만 무한히 커지지는 않는 희한한 수열을 연구했습니다. 내가 컴퓨터 프로그램을 개발하기 전까지는 아무렇게나 존재하는 것처럼 보이는 이 수열이 복잡하지만 매우 세밀하고 나름의 질서를 갖추고 있다는 것을 아무도 알지 못했지요.

이 캠프에서 여러분은 바로 이러한 것들에 대한 많은 것을 들을 수 있게 될 것입니다.

나에 대해 더 많은 것이 궁금하겠지만 캠프 일정을 함께하면서 알아가기로 해요.

자, 그럼 우리들의 캠프장으로 들어가 볼까요?

해안선의 길이를
재어 볼까요?

해안선의 길이를 잴 수 있을까요?
우리나라 서해안과 같은 리아스식 해안선의 길이에
대해 알아봅시다.

첫 번째 학습 목표

1. 복잡한 해안선의 길이가 그것을 재는 자의 최소 단위에 따라 어떻게 달라 지는지 알아봅니다.

2. 새로운 기하의 필요성과 그 특징에 대해서 알아봅니다.

미리 알면 좋아요

1. 유클리드 기하   유클리드❶는 기원전 300년

유클리드 B.C. 300년경에 활약한 그리스의 수학자. 그리스 기하학, 즉 '유클리드 기하학'의 대성자이다. 그의 저서 《기하학 원본》은 기하학에 있어서의 경전의 지위를 확보함으로써 유클리드라고 하면 기하학과 동의어로 통용되는 정도에 이르고 있다.

경의 학자로 당시 고대 그리스의 수학을 집대성하여 13권의 책으로 만들었습니다. 이 책을 유클리드의 《원론 Elements》이라고 부르는데 유럽에서는 19세기까지 이 책을 번역해서 그대로 교과서로 사용하였습니다. 때문에 《성경》 다음으로 가장 많이 팔린 책으로 기록되고 있습니다. 우리가 학교에서 배우고 있는 수학 교과서의 원본이라고 보아도 좋을 정도입니다. 이 책의 내용은 주로 기하이기 때문에 흔히 교과서의 기하를 '유클리드 기하'라고 부릅니다. 《원론》의 제1권에는 23개의 정의가 나와 있는데 다음과 같이 수학의 기본적인 약속을 정의하고 있습니다.

① 점은 부분이 없는 것이다.

② 선은 폭이 없는 것이다.

③ 선의 끝은 점이다.

④ 직선이란 그 위의 점에 대해 한결같이 늘어선 선이다.

⑤ 면이란 길이와 폭만을 갖는 것이다

2. 비유클리드 기하학 위에서 말한 유클리드 기하학은 '평면'을 바탕으로 하여 만든 기하입니다. 그런데 우리는 흔히 삼각형 내각의 합이 180°라고 말하지만 책상 위에 놓인 둥근 지구본의 겉면을 따라 삼각형을 그리고 각각의 내각을 잰 후 합해 보면 180°보다 커져 버리는 것을 목격할 수 있습니다. 또한 말안장의 겉면을 따라 삼각형을 그려 보면 이번에는 오히려 그 내각의 합이 180°보다 작음을 알 수 있습니다. 이러한 것들은 모두 '평행선의 공준'이라고 부르는 제5공준직선 밖의 한 점을 지나고 그 직선과 평행한 직선은 오직 하나이다이 성립하지 않는 세계를 상상함으로써 출발하게 되었습니다.

그래서 탄생한 학문이 '리만 기하학'입니다. 이 기하학을 선두로 해서 유클리드 기하학의 약속을 인정하지 않음으로써 만들어지는 기하학을 모두 '비유클리드 기하학'이라고 부릅니다. 이것은 지금 우주의 구조를 연구하는 우주론의 분야에서 아주 중요한 역할을 담당하고 있습니다.

만델브로트의
첫 번째 수업

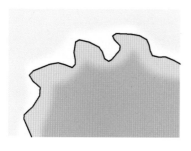

여러분 대한민국의 서해안에서 펼쳐질 프랙탈 캠프에 오신 것을
환영합니다. 캠프 첫 날인 오늘은
이곳 서해안과 같이 굴곡이 심한
리아스식 해안[2]선 ❷ - - - - - - - - - - - - - - -
의 길이를 재어 보 리아스식 해안 하천에 의해
침식된 육지가 침강하거나 해
도록 하겠습니다. 수면이 상승해 만들어진 해안.

여기 해안선의 일부를 나타내는 사진이 있습니다.

이 해안선의 길이를 재려면 자가 필요하겠지요? 프랙탈 캠프에서 준비한 것은 눈금이 없는 세 가지 종류의 자로, 각각의 길이는 10cm, 5cm, 1cm입니다.

10cm의 자 :

5cm의 자 :

1cm의 자 :

만델브로트는 아이들에게 각자 자를 선택해서 해안선을 재어 보라고 했습니다. 아이들이 잰 길이는 다음과 같았습니다.

	해안선의 길이
10cm 자로 잰 아이	40cm
5cm 자로 잰 아이	55cm
1cm 자로 잰 아이	78cm

똑같은 사진의 해안선을 재었는데 왜 이런 결과가 나왔을까요? 그 이유를 알아봅시다.

만델브로트가 들려주는 프랙탈 이야기

먼저 10cm 길이의 자로 해안선을 재어 보면 굴곡이 심한 부분을 세밀하게 잴 수 없기 때문에 대강 측정할 수밖에 없습니다.

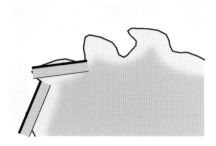

5cm 길이의 자로 재어 보면 어떻게 될까요? 아까보다는 조금 더 굴곡을 따라서 재게 되므로 좀 더 정밀한 값을 얻게 됩니다.

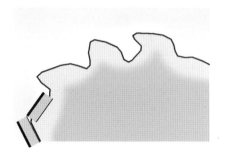

그렇다면 1cm 길이의 자를 선택하면 어떨까요? 1cm 길이의 자를 선택한 사람들은 지금까지 잰 사람들 중에서 가장 정밀한 해안선의 길이를 얻을 수 있습니다.

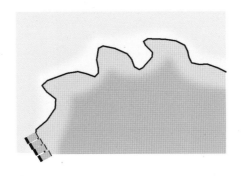

　물론 쭉 뻗은 동해안의 해안선과 같은 경우는 이렇게 심한 차이를 보이지 않습니다. 하지만 굴곡이 심한 서해안이나 내가 관심을 가졌던 영국의 해안선 길이를 재는 경우엔 측정하는 자의 최소 단위가 무엇이냐에 따라 그 결과가 엄청난 차이를 나타냅니다. 작은 단위의 자를 선택할수록 측정하는 대상의 길이는 보다 더 큰 값을 갖게 되는 것이지요.

　자, 이번에는 해안선을 다른 관점에서 바라보도록 합시다. 지금 보여드리는 3장의 사진은 모두 대한민국을 찍은 것입니다. 첫 번째 사진은 인공위성에서 찍은 것이고, 두 번째 사진은 비행기 위에서, 마지막 사진은 헬기 위에서 찍은 것입니다. 어떤 차이가 있나요?

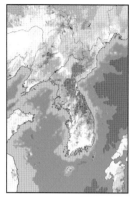 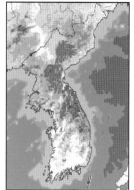 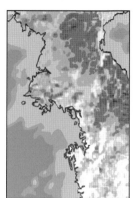

아이들은 사진을 열심히 들여다보며 비교했습니다.

"땅에 가까이 내려와서 찍은 사진일수록 땅의 경계선이 더 울퉁불퉁해요."

그래요, 뿐만 아니라 3장의 사진을 자세히 살펴보면 멀리서 보았을 때의 울퉁불퉁한 모양은 가까이 가서 그 일부분을 보더라도 비슷한 모양과 정도를 갖고 있습니다. 그렇게 느껴지나요?

"네~."

아이들은 사진을 통해 만델브로트의 말을 확인하면서 고개를 끄덕였습니다.

만델브로트가 들려주는 프랙탈 이야기

좋습니다. 지금까지 리아스식 해안선의 길이를 재어 보면서 우리는 2가지 특별한 점을 찾을 수 있었습니다.

> 첫째, 측정하는 자의 최소 단위가 짧을수록 해안선의 길이는 길어집니다.
> 둘째, 해안선 일부분의 모양은 전체 해안선의 울퉁불퉁한 모양과 흡사합니다.

이러한 특징은 불규칙한 모양이 전혀 없이 반듯하게 생긴 삼각형과 사각형, 그리고 매끈하게 생긴 원과 같은 도형의 성질과는 매우 다릅니다. 그렇기 때문에 우리가 학교에서 배운 수학 즉 유클리드 기하를 통해 이런 해안선의 길이를 재거나 그 성질들을 파악하기는 어렵습니다.

그래서 우리는 새로운 개념의 기하를 만들려고 합니다. 이제껏 없던 것을 새로 만들려고 하니 이름을 붙여 줘야겠지요?

여러분, 우리 캠프의 이름이 무엇이지요?

"프랙탈이요!"

　바로 그 프랙탈이 새로운 기하를 위한 이름입니다. 이 말은 라
틴어인 'fractus'에서 따온 것으로 '부서진 상태'라는 의미를 갖
고 있습니다. 해안선의 전체 모양과 일부분의 모양이 비슷하게
반복되는 상태가 마치 계속 부서져서 만들어진 듯한 느낌이 들어
이런 이름을 붙인 것입니다. 그리고 영어의 'fractional number'
는 '분수'라는 뜻을 갖고 있지요. 왜 분수라는 의미가 필요한지

만델브로트가 들려주는 프랙탈 이야기

는 프랙탈 캠프를 즐기는 동안 알게 될 것입니다.

자, 첫 번째 수업에서는 '프랙탈' 이라는 새로운 기하가 왜 탄생하게 되었는지에 대해서 알아보았습니다. 다음 시간에는 프랙탈이 가지는 가장 중요한 특성인 자기 닮음성에 대해서 공부하겠습니다.

1 리아스식 해안선의 길이의 특징

① 측정하는 자의 최소 단위가 짧을수록 해안선의 길이는 길어집
   니다.

똑같은 해안선을 걷더라도 거인이 큰 보폭으로 성큼성큼 걷는다
면 해안가를 금방 걸을 것이고, 보통의 인간이 해안선을 걷는다면
훨씬 더 많은 시간이 걸릴 것입니다. 또한 아주 작은 개미가 그 해
안선을 따라 꼼꼼히 다 기어간다면 몇 달은 커녕 개미의 평생을
다 바쳐도 시간이 모자랄지도 모릅니다.

② 해안선 일부분의 모양은 전체 해안선의 울퉁불퉁한 모양과 흡
   사합니다.

이러한 특징 때문에 일부분의 사진으로도 그것이 서해안인지 남
해안인지 구별할 수 있습니다.

❷ 프랙탈 기하학의 어원

프랙탈fractal이란 말은 라틴어인 'fractus'에서 따온 것으로 '부서진 상태'라는 의미를 갖고 있습니다. 해안선의 전체 모양과 일부분의 모양이 비슷하게 반복되는 상태가 마치 계속 부서져서 만들어진 듯한 느낌이 들어 이런 이름을 붙인 것입니다. 또한 영어의 'fractional number'는 '분수'라는 뜻을 갖고 있습니다.

내 안에 날 닮은
내가 또 있다

프랙탈의 가장 중요한 특성은 자기 닮음성입니다.
자기 닮음성이 무엇인지, 우리 주위의 어떤 것에서
찾을 수 있는지 알아봅시다.

두 번째 학습 목표

1. 프랙탈의 가장 중요한 특성을 알아봅니다.
2. 자기 닮음성이 무엇을 의미하는지 알아봅니다.

미리 알면 좋아요

칸토어는 누구?

하늘의 별이 얼마나 많은지, 바닷가의 모래알은 대체 몇 개나 되는 것인지 모두들 궁금해 하지만 보통 사람들은 그것을 일일이 세어볼 생각은 하지 못합니다. 하지만 이러한 무한에 당당히 도전장을 내밀어 보통의 수를 세고 셈하듯이 무한의 수를 셈하려 한 사람이 있었지요. 바로 러시아 출신의 수학자 칸토어Georg Cantor입니다.

칸토어, 1845~1918

유태인 계통의 상인이었던 아버지와 예술가 기질이 풍부한 어머니 사이에서 태어나 중, 고등학교 시절을 독일에서 보낸 그는 성적이 매우 우수하였고 특히 수학을 좋아했다고 합니다. 하지만 공대 진학을 원하는 아버지 때문에 처음에는 수학을 전공하지 못했고 뒤늦게 자신의 전공을 찾게 되었지요.

그는 아무도 생각하지 못했던 무한집합에까지 폭넓게 이론을 펼쳤으나 시대를 앞서간 탓에 인정받지 못하고 쓸쓸하게 정신병원에서 생을 마감했답니다. 하지만 그가 죽은 후 그의 집합론은 학교 교과서에 실릴 정도로 인정받게 되었고 집합론에서 칸토어를 빼고서는 이야기할 수 없을 정도가 되었지요.

오늘은 프랙탈이 가지는 가장 중요한 특성인 자기 닮음성에 대해 알아보겠습니다. 자기 닮음성이라는 것은 부분의 부분, 혹은 그 부분을 반복해서 확대해 가도 그 구조가 본질적으로 변하지 않는 것을 뜻합니다. 서해안 해안선의 모양이 바로 그러했지요?

"다른 예들을 더 보여 주세요~."

좋습니다. 그럼 다음의 그림을 한번 볼까요?

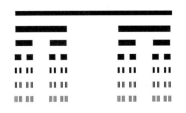

이것은 칸토어의 먼지라고 부릅니다. 콜록콜록 기침이 날 것만 같은 더러운 먼지를 칸토어가 어떻게 만들었는지 한번 알아봅시다.

칸토어는 먼저 길이가 1인 선분을 하나 생각했습니다. 그리고 그 중에서 중간의 부분을 제거하고 양쪽인 $0 \sim \frac{1}{3}$ 부분과 $\frac{2}{3} \sim 1$ 부분은 그대로 남깁니다. 다음은 남은 선분을 가지고 똑같이 중간의 부분을 제거하는 거지요. 이와 같은 일을 무한히 반복하면 칸토어의 먼지가 만들어집니다.

자, 이제 이 먼지를 구경해 볼까요? 전체적인 그림이나 그 일부분을 잘라 확대해 보더라도 똑같은 모양임을 알 수 있습니다. 이것을 바로 자기 닮음성이라고 합니다.

아이들이 이해가 간다는 듯이 끄덕였습니다.

------------------------❸

결정체 결정이 성장하여 일정한 형상을 이룬 물체.

한 가지 예를 더 볼까요? 이것은 겨울에 탐스럽게 내리는 눈의 결정체❸입니다.

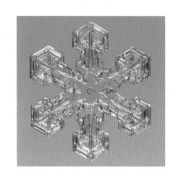

눈의 결정체도 가만히 살펴보면 그 일부분만 보아도 전체의 모양을 알 수 있는 자기 닮음성을 가졌습니다. 우리 주위를 둘러보세요. 또 어떤 것들이 이러한 성질을 가졌을까요?

"산이요."

"해안선도요."

"구름, 번개, 강줄기……, 더 있을 것 같은데요."

맞습니다. 그 외에도 나무, 고사리, 브로콜리, 상추 잎 등 셀 수 없이 많지요.

우리는 산을 그릴 때 삼각형 모양으로 쓱싹 그리지만 실제의 산은 어떤 것이든 그 일부를 확대하면 금방 수많은 굴곡이 나타납니다. 아무리 작은 산이라도 '봉우리'와 '골짜기'로 구성되어 있지요.

번개는 어떨까요?

　신비로움의 대상이면서 공포의 대상이기도 했던 번개는 하늘에서 번쩍이면서 땅으로 떨어지지요? 번개는 한번에 번쩍하고 내려오는 것이 아니라 같은 길을 반복해서 계단을 이루듯이 구불구불하게 내려오면서 매우 복잡한 가지치기를 합니다. 전체적인 모양은 불규칙한 것처럼 보이지만 전체와 그 가지는 비슷한 구조로 이루어져 있습니다.

　마지막으로 오늘 캠프의 점심 메뉴였던 상추 잎을 볼까요? 입맛이 없을 때 쌈 싸 먹기 딱 좋은 상추를 들여다보면 가장자리가

만델브로트가 들려주는 프랙탈 이야기

우글쭈글하게 주름져 있습니다. 줄기 부분에서 다시 그 우글쭈글한 구조를 볼 수 있고, 그 안에서도 역시 3~4회 정도 다시 반복되어 나타납니다. 전형적으로 자기 닮음성을 가진 프랙탈 구조라는 것을 알 수 있지요.

아이들은 즐겨 먹는 상추와 브로콜리에 프랙탈이 숨어 있다는 것을 알고 신기해 했습니다.

자, 지금까지는 우리 주위를 둘러싸고 있는 자연에서 찾을 수 있는 자기 닮음성의 예를 보았습니다. 이번에는 우리 몸에 감춰진 프랙탈을 찾아보겠습니다. 우선 인간의 뇌는 매우 복잡한 주름으로 이루어져 있습니다. 그런데 주름을 자세히 들여다보면 큰 주름 안에 다시 더 작은 주름이 반복해서 나타나는 것을 볼 수 있습니다. 역시 프랙탈 구조라는 것을 알 수 있지요?

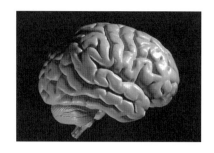

대동맥에서 실핏줄에 이르는 혈관도 마찬가지입니다. 아주 미세하게 될 때까지 갈라지고 또 갈라지지요.

이렇게 프랙탈은 부분의 부분을 반복해서 확대해 가도 본질적으로 그 구조가 바뀌지 않습니다. 이를 거꾸로 생각해 보면 어느 한 부분을 떼어 내어도 그것을 이용해서 전체를 가늠할 수 있는 정보를 모두 갖고 있는 것이라고 볼 수 있습니다.

그런데 처음 예로 들었던 칸토어의 먼지와 자연이나 우리 몸에서 살펴 본 프랙탈과는 조금 다른 점이 있지요?

"칸토어의 먼지만 사람이 만든 프랙탈이에요."

맞아요, 사람이 만든 프랙탈은 부분과 전체의 모양이 아주 정확하게 같습니다. 그런데 자연에서 찾은 프랙탈은 부분과 전체의 모양이 대략적으로 비슷할 뿐 정확하게 같다고 할 수는 없습니다. 그래서 이 두 종류의 프랙탈을 구분하여 생각하기로 합시다.

만델브로트가 들려주는 프랙탈 이야기

먼저 사람이 만든 것처럼 부분과 전체의 모양이 정확하게 같은 프랙탈은 규칙적 프랙탈이라고 하고, 자연에서 찾은 프랙탈과 같이 부분과 전체의 모양이 대략적으로 비슷한 프랙탈은 통계학적 프랙탈이라고 부릅니다.

이제 프랙탈이 무엇인지, 우리 주위에는 어떤 것들이 있는지

알게 되었지요? 다음 수업 시간에는 여러분이 직접 프랙탈을 만들어 보는 시간을 갖도록 하겠습니다. 오늘은 밤하늘에 반짝이는 별들을 보면서 그 별들의 모임이 만들어 내는 자연의 프랙탈을 느껴보길 바랍니다.

두번째 수업 정리

① 프랙탈이 가지는 가장 중요한 특성인 자기 닮음성은 부분의 부분, 혹은 그 부분을 반복해서 확대해 가도 그 구조가 본질적으로 변하지 않는 것을 뜻합니다.

② 자기 닮음성을 가진 것으로는 칸토어의 먼지가 있습니다. 또한 자연 속에서는 산, 해안선, 구름, 번개, 강줄기, 나무, 고사리, 브로콜리, 상추 잎 등을 찾을 수 있고, 우리 몸에서는 뇌와 혈관을 찾을 수 있습니다.

③ 프랙탈에는 크게 두 가지 종류가 있는데 사람이 만든 것처럼 부분과 전체의 모양이 정확하게 같은 프랙탈은 규칙적 프랙탈, 자연에서 찾은 프랙탈과 같이 부분과 전체의 모양이 대략적으로 비슷한 프랙탈은 통계학적 프랙탈이라고 부릅니다.

유한과 무한의
오묘한 조화

프랙탈 구조를 우리가 만들어 볼 수 있을까요?
프랙탈 눈송이를 비롯한 프랙탈 도형을 만드는
방법에 대해 알아봅시다.

1. 프랙탈 도형을 직접 만들어 봅니다.
2. 코흐의 눈송이 둘레의 길이를 재어 보고 그 속에 숨은 비밀을 알아봅니다.

미리 알면 좋아요

삼각형 내각의 합 흔히 삼각형 내각의 합은 $180°$ 라고 합니다. 이것을 증명하는 방법은 여러 가지가 있을 수 있지만 우리 교과서에서는 평행선의 엇각을 이용해서 증명하고 있습니다.

즉 다음 삼각형의 한 꼭짓점을 지나면서 그 꼭짓점의 대변에 평행한 선을 하나 긋습니다. 그러면 평행선으로 인해 생겨난 두 쌍의 엇각은 서로 같지요. 따라서 삼각형의 세 내각의 합은 평각과 같은 $180°$ 임을 알 수 있습니다.

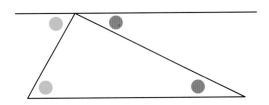

만델브로트의
세 번째 수업

지난 수업 시간에 프랙탈에는 사람이 만든 것과 같은 '규칙적 프랙탈'과 자연이 만들어 낸 것과 같은 '통계학적 프랙탈'의 두 종류가 있다는 것을 배웠습니다. 오늘은 규칙적 프랙탈 도형 중 유명한 몇 가지를 소개하고 여러분과 함께 직접 만들어 보도록 하겠습니다.

직접 만들어 본다는 설렘으로 아이들의 눈빛이 반짝 빛났습니다.

내가 프랙탈을 생각해 내기 한참 전에 존경하는 스웨덴의 수학자 헬게 폰 코흐Helge von Koch 선생님이 재미있고도 아름다운 곡선 하나를 만들어 냈습니다. 그 아름다움과 신비로움이 너무도 파격적이어서 보는 사람들을 매우 당황하게 했었지요.

자, 이제 모두 함께 신비의 도형을 만들어 볼까요? 캠프의 도우미들이 여러분에게 연필, 지우개, 자, 종이 그리고 각도기를 나누어 주었을 것입니다. 그것을 이용하세요.

맨 먼저 1단계!
한 변의 길이가 9cm인 정삼각형을 종이에 그립니다.

아이들은 하나의 선분은 금방 그렸지만 그 다음 선분을 얼마만큼 꺾어서 그려야 할지 몰라 망설이고 있었습니다.

여러분, 삼각형 세 내각의 합은 180°이죠? 정삼각형은 세 내각의 크기가 모두 같으므로 한 내각은 180°를 3으로 나눈 60°가 됩니다. 자, 그럼 이제 각도기를 이용하여 정삼각형을 그릴 수 있겠죠?

아이들은 모두 다음과 같이 정삼각형을 그렸습니다.

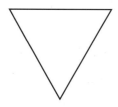

다음 2단계!

칸토어 먼지를 만들었던 것처럼 각 변의 길이를 3등분하여 가운데 $\frac{1}{3}$ 부분은 지우고 양쪽의 $\frac{1}{3}$ 부분을 각각 남깁니다. 그리고 난 후 다음과 같이 바깥쪽을 향해 정삼각형을 그려 넣습니다.

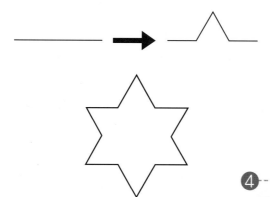

그려 놓고 나니 다윗의 별[4]이라고 부르는 별 모양이 되었네요. 이 별은 한 변의 길이가 3cm이고 모두 12개의 선분으로 이루어져 있습니다.

④ 다윗의 별 솔로몬과 다윗왕의 무덤 덮개에 새겨진 문양으로 현재 이스라엘 국기에 사용되고 있다. 역삼각형은 무한히 작아지는 무한소를, 정삼각형은 무한히 커지는 무한대를 의미한다.

이제 3단계로 들어갑니다!

여러분이 그린 별의 선분 하나하나에 맨 처음에 우리가 했던 작업을 다시 반복합니다. 즉 선분을 3등분하여 가운데는 버리고 양쪽의 나머지 부분을 남긴 다음, 3등분한 길이로 만들어진 정삼각형을 바깥으로 붙이는 거죠, 다음과 같이 말이에요.

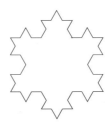

4단계는 말하지 않아도 알 수 있을까요?

그렇죠, 각 변마다 이런 작업을 한 번씩 더 반복해 봅니다.

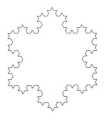

여러분이 그린 그림을 한번 보세요. 무언가 연상되는 것이 있지 않나요?

"눈이요~."

만델브로트가 들려주는 프랙탈 이야기

맞아요. 그래서 이 과정을 수없이 반복해서 얻은 이 도형을 코흐 선생님의 이름을 따서 '코흐의 눈송이' 라고 부릅니다.

이 눈송이 위에 있는 점은 아무거나 두 개 고르더라도 그 두 점 사이에는 꼬불꼬불한 변들이 수없이 많이 들어있게 됩니다.

이 변을 따라서 매~우 작은 벌레를 기어가게 한다면 어떤 일이 일어날까요? 과연 이 벌레가 기어가게 될 거리는 얼마나 될까요?

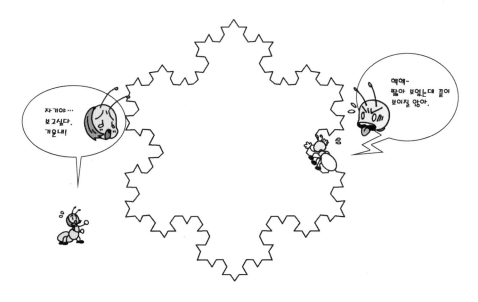

자, 지금부터는 그 거리를 한번 계산해 보도록 하겠습니다.

1단계부터 둘레의 길이가 어떻게 변화하는지 살펴보는 것이

만델브로트가 들려주는 프랙탈 이야기

그 거리를 계산하는 데 도움이 될 것입니다.

1단계는 단순한 정삼각형이므로 9cm를 세 번 더하면 되겠지요? 하지만 앞으로의 계산을 좀 더 편리하게 하기 위해 9cm를 1이라고 약속합시다. 즉 단위는 무시한 채 그냥 한 변의 길이를 1이라고 생각하고 변 길이의 합을 구하는 식을 만드는 겁니다.

그러면 1단계 둘레의 길이는 3이 됩니다.

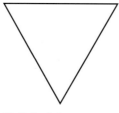

둘레의 길이 : 1+1+1=3

2단계 둘레의 길이는 어떻게 구할 수 있을까요?

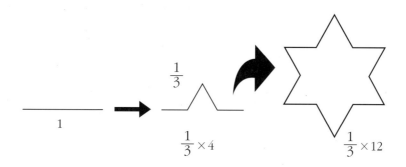

각 변의 길이는 $\frac{1}{3}$로 줄어들고 개수는 한 변마다 4개의 작은 변으로 늘어나므로 결국 전체적으로는 $\frac{1}{3}$ 길이의 변이 12개 있게 되어 $\frac{1}{3} \times 12 = 4$가 됩니다.

그럼 1단계와 2단계의 길이 변화를 살펴봅시다. 몇 배로 늘어났나요?

"$4 \div 3$은…, $\frac{4}{3}$배요."

맞아요. 그럼 다음 3단계 둘레의 길이를 구해서 2단계와 다시 비교해 볼까요?

3단계에서 한 변의 길이를 구해보면 $\frac{1}{3}$이라는 길이를 다시 $\frac{1}{3}$한 길이, 그러니까 $\frac{1}{9}$의 길이가 된다는 것을 알 수 있습니다.

그럼 변의 개수는 어떻게 될까요? 12개의 변 각각이 4배로 늘어날 것이므로 변은 모두 48개가 됩니다.

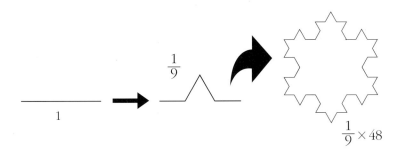

그렇다면 둘레의 길이는 $\frac{1}{9} \times 48 = \frac{16}{3}$이 됩니다.

2단계 둘레의 길이가 4였으니, 3단계 둘레의 길이 $\frac{16}{3}$은 몇 배로 늘어난 셈일까요?

"$\frac{16}{3} \div 4$니까…, $\frac{4}{3}$배요."

"아까와 같네요. 너무 신기해요."

만약 이 규칙이 계속 적용된다면 4단계 둘레의 길이는 얼마가 될 것이라 예측할 수 있나요?

$$\frac{16}{3} \times \frac{4}{3} = \frac{64}{9}$$

계산대로라면 $\frac{64}{9}$가 되어야겠군요.

아이들 중 누군가가 여기서 말한 규칙이 무엇인지에 대해 질문을 했습니다.

좋은 질문이군요. 그럼 여기서 눈송이를 만들어 간 규칙을 수치의 관점에서 한번 정리해 볼까요?

첫째, 한 변의 길이는 계속해서 $\frac{1}{3}$로 줄어듭니다.

둘째, 총 변의 개수는 계속해서 4배로 늘어납니다.

자, 그럼 이 규칙을 다음 그림에서 확인해 보도록 하겠습니다.

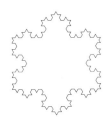

한 변의 길이가 $\frac{1}{9} \times \frac{1}{3} = \frac{1}{27}$인 변이 192개 있으므로 $\frac{1}{27} \times 192 = \frac{64}{9}$
가 맞네요. 변이 늘어나는 규칙이 똑같이 반복되니 한 단계가 진
행될 때마다 둘레의 길이는 $\frac{4}{3}$배가 된다는 결론을 내려도 좋겠
군요.

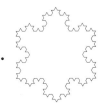

변 길이의 합 :   변 길이의 합 :   변 길이의 합 :   변 길이의 합 :

3 $3 \times \frac{4}{3}$ $3 \times \frac{4}{3} \times \frac{4}{3}$ $3 \times \frac{4}{3} \times \frac{4}{3} \times \cdots$

만델브로트가 들려주는 프랙탈 이야기

그런데 3에 $\frac{4}{3}$를 곱하는 것을 무한히 반복하면 그 결과의 값은 어떻게 되는 걸까요? 분명 $\frac{4}{3}$는 1보다 큰 수이기 때문에 3보다 큰 수가 계속 만들어지게 되겠지요. 하지만 무한히 계속 되기 때문에 그 끝의 수는 누구도 알 수 없습니다. 그저 계속 커지고 있다는 사실만 알 뿐이지요. 수학에서는 이것을 ∞무한대라는 기호로 표현합니다.

> 각 단계 도형의 둘레의 길이 :
> $3 \to 4 \to$ 약 $5.3 \to$ 약 $7.1 \to \cdots \to \infty$

자, 그런데 조금 이상한 느낌이 들지 않나요?

아이들은 뭔가 이상하긴한데 표현할 수는 없다는 듯 찜찜한 표정입니다.

보세요, 여러분이 보는 것처럼 이러한 일이 아무리 반복되더라도 코흐의 눈송이가 차지하고 있는 공간은 이 종이 위의 일부분일 뿐입니다. 하지만 그 제한된 공간 안에 들어있는 둘레의 길이는 어떤가요? 그래요, 지금 우리가 계산을 해서 알아본 것처럼 무한한 길이를 가집니다.

유한한 면적 내에 무한의 길이가 포함되어 있다!

놀라운 일이 아닐 수 없습니다. 바로 이러한 점 때문에 코흐의 눈송이가 사람들에게 아름다움과 신비로움을 한꺼번에 가져다 주었던 것이지요.

아이들도 신기한 듯 자신이 그려 놓은 코흐의 눈송이를 다시 한 번 들여다보았습니다. 그리고 다른 것도 알려 달라고 졸랐습니다.

좋아요. 이번에는 선분이 아니라 면을 이용하는 경우를 보여 줄게요. 바로 폴란드의 수학자 바츨라프 시어핀스키 선생님이 만든 시어핀스키 삼각형입니다. 짜아잔~

시어핀스키 삼각형 만드는 단계

만델브로트가 들려주는 프랙탈 이야기

어때요? 여러분, 이제는 그림만 보아도 어떻게 만든 것인지 짐작이 가지 않나요? 그래도 직접 표현하려니 아직 어려운가요? 그럼 내가 준비한 레시피를 함께 보세요.

시어핀스키 삼각형 만드는 법

① 색칠된 정삼각형을 하나 그린다.
② 각 변의 중점을 꼭짓점으로 하는 삼각형을 그린 후 합동이 되는 4개의 작은 정삼각형을 만든다.
③ 가운데 있는 정삼각형만 색칠을 지우고 나머지 3개의 정삼각형은 남긴다.
④ 남아있는 3개의 정삼각형에만 ②번과 ③번의 작업을 계속 반복해 나간다.

이때 각 단계마다 생겨나는 삼각형의 개수를 따져보면 다음과 같습니다.

1개 → 3개 → 9개 → 27개 → 81개 → …

그런데 그 개수는 단계마다 3배가 됨을 알 수 있습니다. 그리고 이것을 수없이 반복한다면 결국 작은 구멍투성이인 삼각형을 만나게 되고 이 희한한 삼각형은 둘레의 길이는 유한한데 넓이는 사라지게 된다는 것을 알 수 있습니다. 이것을 '시어핀스키 삼각형'이라고 합니다.

비슷한 작업을 정사각형에서도 할 수 있을까요?

"네~, 정사각형에도 할 수 있을 것 같아요."

"확실해요. 한번 해 봐요."

그래요, 여러분이 도전해 보고 싶은 마음이 들듯이 시어핀스키 선생님이 이 삼각형을 발표했을 때도 마치 유행처럼 이러한 일이 번져갔답니다. 그래서 같은 방식으로 정사각형에서 만들어 낸 도형은 시어핀스키 카펫, 3차원 공간인 정육면체❺에서 얻어낸 도형은 멩거 스펀지Menger sponge라고 불렀지요.

❺ 정육면체 직육면체 중에서 모든 면이 정사각형인 것으로 입방체立方體라고도 한다. 그 대각선對角線은 길이가 같고, 동시에 수직으로 중점에서 만난다.

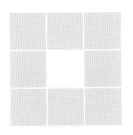
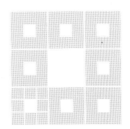

시어핀스키 카펫

멩거 스펀지의 경우는 3차원 공간에서 시어핀스키 카펫을 만든 것이라고도 볼 수 있습니다. 하나의 정육면체의 가로, 세로, 높이를 각각 3등분하면 작은 정육면체 27개를 만들 수 있는데 이때 가장 가운데 있는 정육면체와 각 면의 중앙에 있는 정육면체를 함께 제거하는 겁니다. 이런 작업을 수없이 되풀이하면 역시 구멍이 숭숭 뚫린 정육면체를 만날 수 있는 거지요.

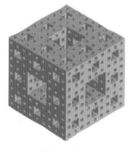

멩거 스펀지

무한히 이러한 작업을 거치게 되면 이 스펀지 역시 구멍을 감싸는 표면적의 합은 유한하지만 전체 부피는 사라지게 되는 묘한 성질을 갖게 됩니다.

여러분, 아름답고도 신비로운 도형들을 만나본 느낌이 어떤가요? 오늘은 규칙적 프랙탈의 대표 모델들을 직접 만들어 보고, 그

묘한 아름다움을 느껴 보았습니다.

　그런데 유한 속에 무한을 가지고 있는 이러한 프랙탈은 분명 지금까지 우리가 알고 있던 도형들과는 다른 점이 있다는 생각이 듭니다. 그렇기 때문에 지금까지 우리가 알던 차원으로는 이해하기 힘든 부분이 많습니다. 다음 시간에는 프랙탈 도형에 적용할 수 있는 새로운 차원에 대해 알아보도록 하겠습니다.

만델브로트가 들려주는 프랙탈 이야기

세번째
수업 정리

1 코흐의 눈송이는 두 가지 규칙을 가지면서 변화합니다.

① 한 변의 길이는 계속해서 $\frac{1}{3}$ 로 줄어든다.

② 총 변의 개수는 계속해서 4배로 늘어난다.

그렇기 때문에 한 단계가 진행될 때마다 둘레의 길이는 $\frac{4}{3}$ 배가 됩니다. 결국 코흐의 눈송이는 유한한 면적 위에 무한한 둘레를 가지고 있는 셈입니다.

2 이 외의 프랙탈 도형들에는 시어핀스키 삼각형, 시어핀스키 카펫, 멩거 스펀지 등이 있습니다.

시어핀스키 삼각형

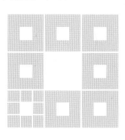

시어핀스키 카펫

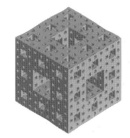

멩거 스펀지

차원이 다른,
프랙탈의 차원

프랙탈 도형은 몇 차원일까요?
유클리드 기하와는 또 다른 차원을 구하는 방법에 대해
알아봅시다.

1. 유클리드 기하의 차원을 다시 복습합니다.
2. 프랙탈 차원을 구하는 방법에 대해 알아봅니다.

미리 알면 좋아요

1. 차원 보통 차원이라고 말할 때는 어느 한 지점의 위치를 표현하는 데 필요한 최소한의 정보 수를 말합니다.

예를 들어, 인기 가수 '꾀꼬리' 양의 공연장에서 꾀꼬리 양, S석의 특별 손님, 보통 자리 손님의 자리 위치를 생각해 봅시다. 꾀꼬리 양은 무대 위 한 군데로 위치가 이미 정해져 있으므로 0차원이 되고, S석은 한 줄밖에 없기 때문에 '13번'과 같이 자리의 위치만 말하면 되므로 1차원, 보통 손님의 경우에는 '5열, 13번'과 같이 열의 위치와 자리의 위치를 함께 말해야 하기 때문에 2차원이라고 할 수 있습니다.

무대	
S석	13번
	5열, 13번

만약에 손님이 너무 많아 1~2층이 다 차서 '2층, 5열, 13번'이라고 말해야 한다면 그 땐 3차원이 된답니다.

무대 ⬤

S석 ⬤ 13번

⬤ 5열, 13번

⬤ 2층, 5열, 13번

2. **닮은 도형** 어느 한 도형을 확대하거나 축소해서 다른 도형에 완전히 겹쳐 진다면 두 도형은 닮은 도형이라고 합니다. 비슷하게 생겼더라도 위의 조 건을 만족하지 않는다면 닮은 도형이 아닙니다. 만약 2배를 확대하거나 축소해야 완전히 겹쳐진다면 이 때 두 도형의 닮음비는 1:2가 됩니다.

3. **로그** 예를 들어 $a^x = b$에서 a가 10이고 b가 100이면 x는 2가 됩니다. 이러 한 경우를 밑 10에 대한 100의 로그라 하며 $\log_{10}100 = 2$로 나타냅니다. 로그 는 발견된 이후에 천문학과 같이 큰 수를 계산하는 분야에 많이 이용되었습 니다. 계산이 복잡하기 때문에 미리 값을 찾아 만든 로그표는 스위스의 J. 뷔 르기가 작성했습니다.

지난 수업 시간에는 유한함 속에 무한을 담고 있는 프랙탈 도형을 직접 만들어 보았습니다. 이번 수업에서는 이러한 프랙탈 도형이 몇 차원인지 알아보기로 하겠습니다.

여러분, 차원이라는 말을 들으면 무엇이 가장 먼저 떠오르나요?

"점 · 선 · 면이요."

"입체도형이요."

"4차원 세계요."

아이들은 제각기 자신의 머릿속에 가장 먼저 떠오르는 단어들을 외쳤습니다.

프랙탈 도형이 몇 차원인지 알아보기 전에 차원에 대해 정리할 필요가 있군요. 여러분이 말한 대로 차원의 가장 대표적인 모델은 점·선·면·입체라고 할 수 있어요.

만델브로트는 칠판에 점을 하나 찍었습니다.

이렇게 길이, 넓이, 부피가 없는 점은 0차원이에요.

만델브로트가 주머니에서 고무로 된 작은 공을 하나 꺼내 들었습니다.

이 고무공을 지금부터 0차원의 점이라고 생각해 보죠. 이 고무공을 이렇게 한 방향으로 쭈욱 잡아당기면 무엇이 되나요?

"선이요!"

아이들은 그것도 모르겠냐는 듯한 표정이
었습니다.

맞아요. 점을 잡아당기면 길이를 가지는
선이 되는데 이 선은 바로 1차원이지요.

이번에는 만델브로트가 선을 전체적으로
쭈욱 잡아당겨 늘였습니다.

자, 이렇게 1차원의 선을 아까 잡아
당긴 방향의 직각 방향으로 잡아당기
면 면이 됩니다. 이것은 넓이를 가지
는 2차원이 되지요.

만델브로트가 아이들을 바라보며
장난스런 눈빛으로 질문을 던졌습니다.

자, 그럼 이 면을 아까 늘인 방향의 직각 방향으로 다시 쭈욱
잡아당기면 무엇이 될까요? 상상할 수 있나요?

아이들은 조금 생각하는 듯하더니 이내 큰 소리로 대답했습니다.

"육면체가 만들어져요!"

맞습니다. 프랙탈 캠프에 오신 여러분은 상상력이 매우 뛰어나
군요. 2차원 면을 이런 식으로 잡아당기면 부피를 가지는 3차원
의 입체가 됩니다.

"잠시만요, 선생님의 말이 잘 받아들여지지 않아요. 제 눈에는
점과 선에도 넓이가 있어 보이는데요."

한 아이가 손을 번쩍 들고 이야기하자 몇몇 아이들이 함께 웅
성거리기 시작했습니다.

당연한 지적입니다. 사실 점은 길이, 넓이, 부피가 모두 없고
선은 넓이, 부피가 없으며 면은 부피가 없다는 것은 수학적으로
약속한 것입니다. 사람이 손으로 점을 그리면 넓이가 있는 것처
럼 보일 수도 있지만 수학에서는 '넓이가 없는 것으로 하자'고
약속한 용어이기 때문에 그렇게 다루는 것이지요. 그리고 이러
한 점·선·면에 대해 차원을 정의하는 것을 바로 유클리드 기
하의 '차원'이라고 합니다.

아이들은 그제서야 고개를 끄덕였습니다. 그러고는 다음 얘기
를 기다렸습니다. 그때 만델브로트가 가지고 온 가방을 열더니
실을 한 줄 꺼내 들며 물었습니다.

만델브로트가 들려주는 프랙탈 이야기

여러분, 이 실 한 줄은
몇 차원일까요?

"1차원이요."

그럼 이 김
한 장은 몇 차원일까요?

"2차원이요."

흠, 이 정육면체 모양의 두부는 몇
차원일까요?

"3차원이요."

그렇다면 이 실 뭉치는
몇 차원일까요?

참새처럼 조잘거리던 아이들이 갑자
기 조용해지며 왜 저런 질문을 할까하는
표정들입니다.

"선생님, 저에게는 아까 그 고무공처럼 보이는데요? 그러니까 0차원 아닌가요?"

"말도 안 돼요. 제 눈에는 실 뭉치인 게 확실한걸요. 실 뭉치는 부피를 가지니까 당연히 3차원이죠."

"아니에요, 이 실 뭉치는 사실 아까 우리가 1차원이라고 말했던 그 실이 잔뜩 꼬여진 거예요. 그러니 이건 1차원이 틀림없어요!"

모든 것을 예상한 듯한 미소를 지으며 만델브로트가 말했습니다.

여러분의 말이 모두 맞습니다. 여러분이 보는 거리에 따라 실 뭉치의 차원을 다르게 말할 수 있습니다. 첫 수업 시간에 우리가 길이를 쟀던 해안선을 다시 생각해 보죠. 그때 보여 주었던 대한민국의 사진 3장을 기억하나요?

만델브로트가 들려주는 프랙탈 이야기

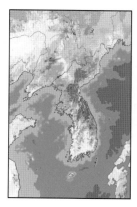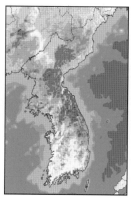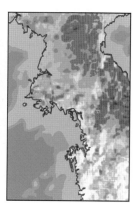

　사진에서 알 수 있듯이 첫 번째 사진에서는 해안선이 거의 직선에 가깝게 보입니다. 그러면 이 해안선이 1차원인가요? 자신 있게 대답하기가 망설여지는 이유는 세 번째 사진의 해안선이 울퉁불퉁한 굴곡을 가지고 있기 때문일 것입니다. 이 두 장의 사진은 같은 대상을 찍은 것이지만 굴곡의 정도에 있어서는 큰 차이가 있음을 알 수 있습니다. 1차원보다는 복잡해 보이고 그렇다고 2차원은 분명 아니고…….

　이렇듯 실 뭉치와 해안선을 생각해 보면 또 다른 차원의 개념을 생각할 필요가 있습니다. 그래서 바로 소수 차원인 프랙탈 차원을 탄생시킨 것입니다.

　아이들은 모두 어리둥절한 표정이었습니다.

소수 차원이라니 정말 놀랍지요? 당연합니다. 자, 그럼 이제부터 프랙탈 차원을 구하는 방법에 대해 소개하겠습니다.

프랙탈 구조의 가장 중요한 특성이 무엇이었죠?

그래요, 바로 자기 닮음성입니다. 따라서 프랙탈 차원에도 이러한 닮음의 개념이 중심이 됩니다.

먼저 이 탁자 위에 놓인 실 한 줄, 김 한 장, 두부 한 모를 보세요.

만델브로트가 가위로 실을 잘랐습니다.

이렇게 1차원 선은 닮은 선이 생기도록 이등분하면 2개로 나누어집니다.

그런데 김과 같은 2차원 면은 어떤가요? 원래의 정사각형과 닮은 정사각형만 생기도록 자르려면 어떻게 하면 될지 생각해 봅시다.

만델브로트가 이번에는 가위로 김을 가로로 한 번, 세로로 한 번 각각 잘랐습니다.

2차원 정사각형은 각각의 선분을 이등분하면 4개의 닮은 정사 각형으로 쪼개지지요?

그럼 마지막으로 두부와 같은 3차원 정육면체를 볼까요? 크기는 작더라도 똑같은 정육면체를 얻으려면 가로, 세로, 높이를 각각 이등분하면 되겠지요? 그러면 몇 개의 닮은 정육면체가 생기나요?

"8개요!"

역시 여러분은 상상력이 뛰어나군요. 맞습니다. 그럼 지금까지 우리가 한 실험을 표로 정리해 볼까요?

	만들어지는 닮은 도형의 개수 N
선	2
정사각형	4
정육면체	8

프랙탈 차원 D은 r 등분해서 얻어 낸 닮은 도형의 개수 N를 이용하여 계산합니다.

프랙탈 차원 계산식 : $r^D = N$

즉 N을 만들기 위해 r을 몇 번 곱하면 되는지 알아낸다면 이 D가 바로 프랙탈 차원이 되는 겁니다.

만델브로트가 들려주는 프랙탈 이야기

자, 그럼 이제 우리가 구한 각각의 프랙탈 차원을 감상해 볼까요?

$r=2$	만들어지는 닮은 도형의 개수 N	프랙탈 차원 D
선	$2^D = 2$	1
정사각형	$2^D = 4$	2
정육면체	$2^D = 8$	3

단순한 구조를 가진 실, 김, 두부는 유클리드 기하의 차원이나 프랙탈 차원이 같다는 것을 알 수 있군요.

"그런데 만약 N이 7 같은 수였다면 D를 알기 어려울 것 같아요."

그렇습니다. 그럴 때는 프랙탈 차원 D를 $\log_r N$이라는 수학 기호로 표현합니다.

갑자기 처음 보는 기호가 나오자 아이들의 눈이 갑자기 왕방울만큼 커졌습니다.

여러분, 너무 놀랄 것 없습니다. 여러분이 마이너스 기호를 처음 배울 때처럼 이제까지 없었던 새로운 표현을 사용할 일이 생긴 것뿐이니까요.

그럼 잠깐 log로그라는 기호에 대해 설명을 하겠습니다.

여러분, 2를 3번 곱하면 얼마인가요? 그렇죠, 8이 됩니다. 이때 이것을 식으로 표현하면 다음과 같습니다.

$$2^3 = 8$$

여기서 3을 2의 지수라고 합니다. 2를 3번 곱하라는 뜻으로 해석하면 되는 거지요.

연습을 한번 더 해볼까요? 10^4은?

"10000!"

좋습니다. 그럼 이제 거꾸로 한 번 물어보죠. 10000은 10을 몇 번 곱하면 되나요?

"당연히 4번이죠."

그래요, 이렇게 몇 번 곱했는지를 식으로 표현할 필요에 의해 log라는 새로운 기호를 만들어 낸 거랍니다. 즉 $\log_{10} 10000$이라고 표현된 식은 '10000은 10을 몇 번 곱해서 만들어진 것일까요?' 라고 해석하면 됩니다.

만델브로트가 들려주는 프랙탈 이야기

만델브로트가 연습을 한번 더 하자며 칠판에 식을 썼습니다.

$$\log_2 8$$

"흐음……, '8은 2를 몇 번 곱하면 될까' 라는 말이니까 정답은 3이요!"

맞았어요. 자, 그런데 문제가 생길 수도 있습니다. $\log_2 7$ 같은 경우 2를 2번, 3번 아무리 거듭 제곱하여도 7을 만들 수가 없기 때문이죠. 그런 경우는 사실 굉장히 많아요. 그런 경우엔 할 수 없이 그냥 로그 기호를 사용해서 표현하게 두거나 계산법에 의해 구체적인 값을 구하게 됩니다. 가장 쉬운 방법은 수학자들이 만들어 놓은 표나 계산기를 사용하면 되는데 이때는 소수를 얻게 됩니다. 그래서 프랙탈 차원을 소수 차원이라고 부르는 것이지요.

아이들은 log라는 새로운 기호가 낯설었지만 마이너스 −기호를 처음 보았을 때와 같이 새로운 수학기호로 받아들이기로 했습니다.

자, 그럼 이제 본격적으로 우리가 관심을 갖고 있는 프랙탈 구조를 가진 것들의 프랙탈 차원을 알아볼까요?

먼저 칸토어가 만든 먼지를 생각해 보죠. 이는 길이가 1인 선분을 계속 3등분해서 중앙의 $\frac{1}{3}$을 잘라내고 2개의 선분을 남기는 일을 반복해서 얻었지요?

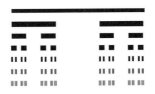

그러므로 $r = 3$, $N = 2$가 되어 $D = \log_3 2 = 0.6309$를 얻게 됩니다. 즉 점과 선 사이의 차원인 셈이지요. 하지만 선인 1차원보다는 작은 소수 차원이므로 길이는 갖지 못합니다.

이번에는 우리가 만들었던 코흐의 눈송이가 몇 차원인지 알아볼까요?

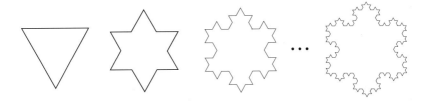

코흐의 눈송이는 한 변을 3등분하여 닮은 모양인 선분을 4개 만들게 됩니다. 따라서 위의 방법에 따라 식을 세우면 되지요.

만델브로트가 들려주는 프랙탈 이야기

자, 그런데 문제가 생겼군요. 3은 몇 번을 곱해야 4가 되는 거지요?

아이들은 3을 몇 번이고 곱해 보았지만 아무도 답을 찾을 수 없었습니다.

이 경우엔 당연히 대답할 수가 없습니다. 3은 아무리 곱해도 4가 될 수 없으니까요. 다시 말해서 x의 값이 자연수가 아니라는 것입니다. 이럴 때 아까 정해 둔 폼 나는 계산법을 잠깐 빌려 봅시다. 그럼 $x = \log_3 4$가 되지요? 이것을 근사값으로 구해 보면 1.2618차원이 나옵니다. 즉 코흐의 눈송이는 1.2618 프랙탈 차원인 거지요.

어때요? 코흐의 눈송이를 보고 있노라면 그냥 1차원의 선분보다는 조금 더 복잡한 느낌이 듭니다. 프랙탈 차원의 값이 1차원보다는 크고 2차원보다는 작다는 점에서 그것이 반영되었다는 생각이 들지 않나요?

아이들은 고개를 끄덕였습니다. 그리고 이번에는 사람이 만든 규칙적 프랙탈이 아닌 자연의 프랙탈 차원을 궁금해 했습니다.

통계학적 프랙탈의 경우는 좀 더 복잡한 계산을 통해 얻어지므로 여러분에게는 그 결과만을 알려드리기로 하죠. 우선 우리가 캠프를 시작할 때 소개했던 리아스식 해안 중 제가 관심을 갖고 연구했던 영국 해안선의 경우는 1.33차원으로 코흐의 눈송이보다 조금 더 복잡한 구조임을 알 수 있습니다.

하늘에 떠 있는 뭉실뭉실 뭉게구름은 1.35차원, 우리 머릿속 뇌의 쭈글쭈글한 주름은 2.75차원 정도랍니다. 차원의 수와 그 대상이 가지는 복잡한 정도를 생각하면서 그 느낌을 느껴보세요.

자, 오늘은 프랙탈 차원에 대해 알아보았습니다. 하지만 여러분이 질문한 자연의 프랙탈에 대한 궁금증이 조금 덜 풀린 표정들이군요. 걱정 말아요. 다음 수업 시간에는 자연의 프랙탈에 대해 좀 더 알아볼 테니까요.

참, 한 가지 더 덧붙일게요. 내가 이 새로운 기하의 이름을 프랙탈이라고 소개할 때 영어의 'fractional number' 가 '분수' 라는 뜻을 갖고 있다고 말했던 것을 기억하나요? 이제 그 궁금증을 풀 차례입니다.

소수는 자연수가 아닌 실수라는 관점에서 볼 때 분수와 연관이 있습니다. 그렇기 때문에 분수라는 영어 단어에 프랙탈이 들어 있다고 보면 될 것입니다.

프랙탈 기하가 자연수 차원이 아닌 소수 차원임을 알아본 알찬 하루였죠? 그럼 다음 수업 시간도 기대하세요.

네번째
수업 정리

1 1, 2, 3차원이라고 말하는 유클리드 기하에 비해 프랙탈 차원은 소수 차원입니다.

2 프랙탈 차원 D

r 등분해서 얻어 낸 닮은 도형의 개수 N을 이용하여 계산합니다.

> 프랙탈 차원 계산식 : $r^D = N$

즉 N을 만들기 위해 r을 몇 번 곱하면 되는지 알아 낸다면 이 D가 바로 프랙탈 차원이 된답니다.

3 프랙탈 구조를 가진 것들의 프랙탈 차원

① 칸토어의 먼지 0.6309차원

② 코흐의 눈송이 1.2618차원

③ 영국의 해안선 1.33차원

④ 뭉게구름 1.35차원

⑤ 뇌의 주름 2.75차원

자연은 프랙탈을
선택했다고

사람들이 만든 것도 아닌데
자연 속에서 프랙탈이 발견되는 것이 신기합니다.
자연이 프랙탈 구조를 선택한
특별한 이유에 대해 알아봅시다.

1. 유클리드 기하의 차원을 다시 복습합니다.

2. 프랙탈 차원을 구하는 방법에 대해 알아봅니다.

미리 알면 좋아요

1. 분자와 원자 분자[6]는 일정한 질량과 구조를 가지고 있고 원자로 구성되어 있습니다. 즉 원자[6]는 분자를 이루는 기본 단위이며, 분자는 순수한 화합물에서 그 특징적인 조성과 화학적 성질을 유지시키는 가장 작은 입자입니다. 분자는 물이 고체에서 액체로, 다시 기체로 상태가 변화하는 것처럼 수나 종류의 변화 없이 물리적 변화를 할 수 있습니다. 또한 분자는 화학 반응을 통해 변형될 수도 있습니다.

[6]

분자 각 물질의 화학적 성질을 가진 최소의 단위 입자.

원자 물질의 기본적 구성 단위. 하나의 핵과 이를 둘러싼 여러 개의 전자로 구성되어 있고, 한 개 또는 여러 개가 모여 분자를 이룬다.

2. 양서류 척추동물의 한 부류로, 진화적으로 본다면 어류와 파충류의 중간 단계인 동물들입니다. 우리 주위에서 쉽게 만날 수 있는 양서류로는 개구리 류, 두꺼비 류, 도롱뇽 류, 사이렌 류, 무족영원 류 등이 있지요.

만델브로트의
다섯 번째 수업

지난 수업 시간에 우리는 프랙탈 차원에 대해 알아보았습니다. 그리고 자연이 품고 있는 프랙탈의 차원을 조금 엿보았습니다. 이번 수업에서는 자연의 프랙탈 세계를 좀 더 자세히 알아보도록 하겠습니다.

사실 우리가 앞에서 이야기했던 프랙탈 도형들은 어떤 작업을 무한히 계속해 나간다는 상상의 나래를 펼쳐서 얻어진 결과입니다. 그렇기 때문에 현실에 보이는 자연의 어떤 것들을 무한의 잣대에 들이대어 '이건 프랙탈 구조라 할 순 없어!' 라고 할 사람들도 있을지 모릅니다.

  그렇지만 여러분, 우리가 즐겨 먹는 브로콜리를 한 번 생각해 봅시다. 우리가 브로콜리를 아주 작게 자르고 잘라 그 물질을 현미경으로 들여다보는 건 물론 한계가 있겠지요. 하지만 우리는 그 물질을 구성하고 있는 아주 작은 것까지 생각해 볼 수 있습니다. 그것을 무엇이라고 부르는지 아나요?

 ⑦

원소 모든 물질을 구성하는 기본적 요소. 원자핵 내의 양성자 수와 원자 번호가 같다. 현재까지는 109종이 알려져 있다.

미립자 원자나 원자핵 따위의 물질을 이루는 아주 작은 구성원.

  "알갱이요."

  "분자요."

  "원자, 아니 원소⑦요."

  "미립자⑦요."

  그래요, 자연을 구성하는 현실의 물질은 어떤 일정한 크기의 원자나 분자에 의해 구성되어 있다고 말합니다. 그리고 이러한 분자나 원자 정도라면 우리가 상상으로 만들어 낸 무한의 정도까지 견줄 만큼 충분히 작다고 할 수 있으며 프랙탈 도형이라고 말해도 충분할 것입니다.

만델브로트가 들려주는 프랙탈 이야기

우리가 흔히 볼 수 있는 나무의 구조는 프랙탈적입니다. 큰 줄기에서 큰 가지가 나누어지고, 거기서 다시 작은 가지가 생기며 그 작은 가지는 다시 더 작은 가지로 갈라집니다. 나무의 종에 따라 나름대로의 프랙탈 차원을 가지게 되는 것이지요. 여러분의 생각에는 어느 정도의 차원이 될 것 같나요?

"선이 갈라지는 것이니 1차원과 2차원 사이일 것 같아요."

오호~, 대단하네요. 가까이에서 보면 가지가 선처럼 보이지만 멀리서 보면 그 가지들이 하나의 덩어리처럼 보이기도 하니 옳은 생각입니다. 실제로 대략 1.3~1.8차원이 되지요.

그런데 왜 나무는 이런 모양으로 생긴 걸까요? 나무의 줄기는 뿌리에서 빨아들인 물과 영양분을 운반하는 역할을 합니다. 전체에 골고루 미치도록 운반을 하려면 이러한 프랙탈 구조가 제격인 셈이지요.

이번에는 산을 한번 볼
까요?

두 번째 수업에서 말했
듯이 어느 산이든지 그
일부를 확대해서 보면 수많은 골짜기와 봉우리로 구성되어 있음
을 알 수 있습니다. 산의 프랙탈 차원은 2차원과 3차원의 사이에
있으며 실제로 대략 2.3차원이라 알려져 있습니다. 실제 산의 표
면적이 원뿔보다 훨씬 더 넓은 표면적을 가지는 것과 통하는 점
이 있지요.

실제로 프랙탈이 가진 힘을 증명한 일이 있었습니다. 바로 바
위와 파도가 주인공인데요, 프랑스 과학자들이 해안의 바위가
거친 파도에 수백 년을 버틸 수 있는 비결을 밝혀냈어요. 이 과
학자들은 해안이 파도에 의해 침식되는 과정을 컴퓨터로 재현했
답니다. 그 과정에서 바위가 침식되는 요인을 물리적인 파도에
의한 충격과 바닷물에 포함된 미네랄에 의한 화학적 작용으로
나눈 후 바위의 성질을 지닌 매끄러운 물체의 표면에 파도를 때
려 보았습니다. 결과가 어떻게 되었을까요?

만델브로트가 들려주는 프랙탈 이야기

    프로그램을 실행하자 처음에는 표면의 일부가 금방 떨어져 나
갔습니다. 하지만 초기의 급격한 침식이 지나자 우리 눈에 익숙
한 해안선의 모습이 서서히 드러났습니다. 그러고는 시간이 흘
러도 이 상태에서 더 이상 큰 변화가 일어나지 않았습니다. 이때
의 해안선을 분석하여 해안의 프랙탈 구조가 1.33차원임을 밝혀
낸 것이지요.

    결국 해안의 프랙탈 구조가 파도의 힘을 효과적으로 잠재웠고
이로 인해 침식을 최소화한다는 결론을 얻었습니다.

아이들은 자연의 신비에 놀라워했습니다.

"선생님, 우리 몸에 숨어있는 프랙탈에 대해서도 알려 주세요."
    좋아요. 우리 인간의 몸도 사실은 커다란 자연의 일부입니다.
우리 몸의 뇌가 프랙탈 구조라는 사실은 앞서 말한 적이 있지요?

만델브로트가 들려주는 프랙탈 이야기

뇌에는 커다란 주름이 있고, 이 주름을 경계로 해서 뇌의 영역이 구분됩니다. 그런데 자세히 들여다보면 그 큰 주름 속에는 또 다시 작은 주름들이 있습니다. 만약 이 주름들을 평편하게 편다면 신문지 한 장만한 넓이가 됩니다.

아이들은 자신의 머리를 만지며 이 작은 머리 속에 들어있는 뇌가 그렇게 클 수 있다는 말에 눈을 동그랗게 떴습니다.

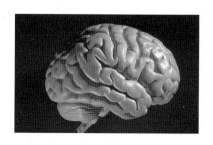

뇌가 주름 속에 주름을 많이 갖고 있는 것은 좁은 공간 속에서 가능한 한 넓은 표면적을 확보해서 최대한 많은 뇌세포를 배치하기 위해서입니다. 개인에 따라 주름진 정도가 다를 수도 있으나 대체적으로 2.73~2.79차원의 값을 가지지요. 거의 3차원에 가까운 수라는 것에 주목하세요. 여러분이 머리를 쓰면 쓸수록 이 주름으로 인한 뇌의 차원이 더 높아져서 지능이 개발될 것입니다. 한없이 개발될 가능성이 있다는 의미가 되겠지요?

이번에는 우리 몸에 들어있는 프랙탈 구조의 또 다른 예인 폐를 보겠습니다.

여러분, 폐는 우리 몸에서 어떤 역할을 하지요?

"숨을 쉬게 해 주지요."

네, 그래서 폐는 우리 가슴의 좁은 공간 속에서 가능한 많은 산소를 흡수할 수 있어야 합니다. 따라서 폐의 표면이 되도록 많은 공기와 접해야 하지요. 그러기 위해서는 표면적이 가능한 최대가 되어야 하고, 폐의 미로와 같은 기관지가 동맥과 정맥에 효과적으로 결합되도록 사방팔방으로 뻗어 있는 것이 좋겠지요. 어

만델브로트가 들려주는 프랙탈 이야기

떤 구조가 가장 적합할까요?

"프랙탈이요~."

그래요. 그래서 폐를 펼쳐 보면 테니스 경기장보다도 더 넓을 정도라고 합니다. 뿐만 아니라, 같은 이유로 폐 안에 분포되어 있는 모세혈관과 동맥, 정맥 역시 프랙탈 구조로 우리 몸에 존재합니다.

"그럼 다른 동물의 폐도 프랙탈 구조인가요?"

좋은 질문이네요. 모든 동물들의 폐가 프랙탈 구조로 되어 있지는 않습니다. 양서류와 같은 동물들은 매우 단순한 모양의 폐를 가지고 있고, 파충류라고 해도 인간의 폐보다는 훨씬 단순하지요. 사실 우리 인간의 폐도 원래는 물고기처럼 물속에서 비중을 조절하기 위해 공기를 넣어 두는 자루인 부레가 진화된 것이라고 합니다. 진화할 때 바로 이 프랙탈 구조를 목표로 해서 진화된 것이라 할 수 있지요.

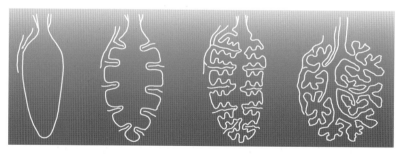

양서류도롱뇽   대부분의 양서류   파충류   포유류

부레가 프랙탈 구조를 가진 폐로 진화된 가장 큰 이유 중의 하나는 프랙탈 구조가 주는 장점 때문이라 할 수 있습니다. 만약 인간의 폐가 부레와 같이 밋밋한 자루 모양이었다면 어느 한 군데에 결핵균이 침투해 구멍이 난 경우 당장 호흡 곤란으로 질식해 죽고 말 것입니다.

인간을 비롯한 많은 생물들의 신체 구조는 외부와 끊임없이 물질이나 에너지를 주고받습니다. 물질대사가 이루어지는 것은 진화 등을 통해 대부분 프랙탈 구조를 하고 있다는 것을 알 수 있습니다. 이것이 가장 효율적인 구조이기 때문입니다. 이 때문에 프랙탈 구조를 하고 있느냐가 고등동물인지를 가려내는 척도가 되기도 한답니다.

오늘 수업을 마치고 나니 우리 몸을 다시 한번 돌아보게 되지요? 아마 우리의 머리끝에서 발끝까지 프랙탈이 아닌 것이 없음을 알게 된 시간이었을 것입니다.
다음 수업부터는 우리의 삶 속에 들어와 있는 프랙탈에 대해 감상해 보는 시간을 갖도록 하겠습니다.

만델브로트가 들려주는 프랙탈 이야기

다섯번째
수업 정리

① 자연은 프랙탈 구조를 선택함으로써 효율적으로 생존할 수 있습니다. 나무의 잔뿌리가 골고루 빨아들인 물과 영양분은 줄기를 타고 올라가 프랙탈 구조를 통해 나무 전체에 골고루 운반됩니다. 산과 해안의 바위도 마찬가지의 경우를 보여 줍니다.

② 우리 몸의 뇌와 폐 그리고 혈관 등도 프랙탈 구조로 되어있습니다. 그래서 인간이 생존하고 활동하는 데 최적의 상태가 되도록 해 줍니다.

예술 속의 프랙탈

우리가 즐기는 음악과 미술 속에서도
프랙탈이 발견됩니다.
어떤 작품들이 우리의 눈과 귀 그리고 마음을
즐겁게 해 주는지 살펴보겠습니다.

1. 우리가 좋아하는 음악에 숨어 있는 프랙탈의 비밀을 알아봅니다.
2. 프랙탈의 아이디어가 반영된 미술 작품을 감상해 봅니다.

미리 알면 좋아요

1. 헤비메탈heavy metal 록Rock은 1950년대 로큰롤에서 비롯된 대중음악의 한 형식입니다. 대개 보컬, 전자 기타, 강한 비트로 이루어져 있는 것이 특징입니다. 록음악의 전 세계에 걸친 사회적 영향력은 다른 종류 음악과 비교할 수 없을 만큼 엄청나지요.
   헤비메탈은 이러한 록의 한 장르입니다. 대체로 1980년대 이후의 음악을 말하며 그 이전 시기의 음악은 '하드 록'이라고 따로 구분하기도 하지요. 헤비메탈의 기본 악기 구성은 록과 같이 기타, 베이스, 드럼입니다. 다른 점이라면 기타 사운드에 록 음악보다 거친 효과를 추가한 것이지요.

2. 반비례 함수 $y = \dfrac{a}{x} \, a \neq 0$으로 표현되는 함수입니다.

   예를 들어, 일정한 거리a를 가는 경우 속력y과 시간x의 관계가 여기에 속하지요. 정비례 함수의 그래프가 직선 그래프인 것에 비해 반비례 함수의 그래프는 쌍곡선으로 나타납니다.

3. 테셀레이션tessellation 마루나 욕실 바닥을 가득 메운 타일처럼 어떠한 틈이나 포개짐이 없이 평면이나 공간을 도형으로 완벽하게 덮는 것을 말합

니다. 이러한 테셀레이션은 역사 속에서 흔히 찾아볼 수 있는데 기원전 4세기 이슬람 문화의 벽걸이 융단, 퀼트, 옷, 깔개, 가구의 타일, 건축물이나 이집트, 무어 인, 로마, 페르시아, 그리스, 비잔틴, 아라비아, 일본, 중국 등지에서도 발견됩니다. 물론 한국의 전통 문양에서도 많이 찾아볼 수 있지요.

또한 우리 일상생활에서도 흔히 볼 수 있는데, 길거리의 보도블록이나 거실, 목욕탕의 타일, 상품 포장지의 문양 등 수없이 많습니다.

이러한 테셀레이션은 우리에게 단지 예술적인 아름다움만을 주는 것이 아니라 그 속에 무한한 수학적인 개념과 의미가 들어 있어 도형의 각의 크기, 대칭과 변환, 합동 등을 재미있게 공부할 수 있도록 해 줍니다.

알함브라 궁전

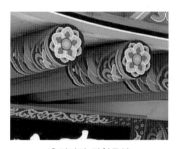
우리나라 단청문양

4. **에셔**Maurits Cornelis Escher, 1898~1972 기하학과 수학적 개념을 자신의 내적 이미지화해서 표현한 네덜란드의 판화가이자 작가입니다. 그의 작품들은 3차원적 구성을 2차원적으로 표현하여 실제 경험과는 모순되는 느낌을 줍니다.

평면을 프랙탈적으로 분할하여 무한한 공간, 공간 속의 원과 회전체 등을 주로 표현합니다.

대표적인 작품으로는 〈반사되는 공을 든 손 Hand with Reflecting Globe〉1935과 〈올라가기와 내려가기 Ascending and Descending〉1960이 있습니다.

만델브로트의
여섯 번째 수업

지난 수업 시간에 우리는 자연이 프랙탈을 택한 이유에 대해 음미해 보았습니다. 오늘은 예술 작품 속에서 발견되는 프랙탈에 대해 알아보기로 합시다.

여러분, 이 세상에서 가장 아름다운, 졸음을 불러오는 노래는 무엇일까요?

"자장가요."

" 그중에서도 엄마가 불러주는 자장가요."

그렇군요. 그런데 자장가를 들으면 왜 그렇게 졸음이 오는 걸까요? 노래에 수면제를 탄 것도 아닌데 말이죠.

아마도 가장 큰 이유는 변화가 거의 없이 비슷비슷한 음이 반복되기 때문일 것입니다. 자장가의 본래 목적이 아기를 재우는 것이기 때문에 성공적인 작곡이라 할 수 있지요. 하지만 유행 가요를 이렇게 작곡했다면 그 노래가 인기를 얻을 수 있을까요?

만델브로트가 들려주는 프랙탈 이야기

요즘 가장 유행하는 인기 가요들을 한번 생각해 봅시다. 여러분은 어떤 노래를 좋아하나요?

아이들은 저마다 자신이 좋아하는 노래들을 외쳐 대기 시작했습니다.

좋아요, 좋아. 그런데 지금 여러분이 말하는 노래들을 들어보니 자장가와는 다른 점이 있군요. 분명 자장가보다는 음의 변화가 많이 느껴지네요. 변화가 많은 노래가 인기있는 것일까요? 그렇다면 지금부터 제가 들려주는 음악을 한번 들어보세요. 그 어떤 음악보다 음의 변화가 현란한 음악입니다.

만델브로트는 준비해 온 헤비메탈 음악을 크게 틀었습니다. 그러자 아이들은 깜짝 놀라며 귀를 막거나, 제발 그만 끌 수 없냐며 짜증을 내기도 했습니다.

어때요? 자장가는 음의 변화가 없이 지루했다면 이 헤비메탈은 아주 높은 괴성과 더불어 음이 변화무쌍하지요? 하지만 이 또한 여러분이 좋아하는 음악과는 거리가 있군요. 물론 이러한 음

만델브로트가 들려주는 프랙탈 이야기

악이 주는 시원함과 통쾌함에 사로잡혀 마니아가 되기도 하지만 대중적인 인기를 얻기는 어렵습니다. 왜냐하면 자신들이 즐겨 듣던 음악과 너무나 동떨어진 느낌을 받기 때문이지요.

그렇다면 과연 대부분의 사람들이 아름답다고 느끼고 좋아하는 음악은 어떤 특징을 가지고 있는 걸까요?

멜로디의 변화 패턴을 주파수❸ 분석법으로 조사해 보면 이러한 음악들 사이에 공통점을 발견할 수 있습니다. 이 분석법에서 음의 변화가 큰 경우는 고주파수가 되고, 음의 변화가 작은 경우는 저주파수가 됩니다.

❽ 주파수 전파나 음파가 1초 동안에 진동하는 횟수.

우리의 귀에 익숙하고 마음에 편안함을 주는 클래식 음악은 곡이 전개될 때 음이 변화하는 폭이 그리 크지 않기 때문에 저주파수 영역이 더 많습니다. 다시 말해 한 음의 다음 음은 그 음 근처의 낮은 음이나 높은 음으로 옮겨가는 경우가 많고, 큰 음폭으로 변하는 경우는 그리 많지 않습니다. 그런데 그것보다 더욱 우리의 관심을 끄는 것은 주파수가 그 빈도수와는 정확하게 반비례한다는 점입니다.

"네? 무슨 말씀인지 잘 모르겠어요."

음……, 이렇게 설명해 보죠. 고주파수는 음정의 변화폭이 큰 경우인데 이런 경우는 한 곡에서 나타나는 횟수가 그것보다 낮은 주파수에 비해 적습니다. 또한 나오는 비율이 일정하지요. 그래서 이런 음악을 주파수를 뜻하는 영어인 'frequency' 의 앞 글자를 따서 '$\frac{1}{f}$음악' 이라고 부릅니다. 우리가 반비례 함수를 이야기할 때 가장 대표적인 것으로 $y = \frac{1}{x}$을 꼽는 것과 비교해 보면 쉽게 이해가 갈 것입니다.

자, 그런데 신기하게도 여러분이 좋아하는 인기 가요일수록 바로 $\frac{1}{f}$ 공식에 딱 들어맞는답니다. 그럼 헤비메탈은 어떨까요?

음이 너무 변화무쌍해서 고주파수 영역이 너무 많아 $\frac{1}{f}$ 공식과는 거리가 멀다는 것을 알 수 있습니다.

더욱 놀라운 것을 알려줄까요?

아이들은 만델브로트가 어떤 이야기를 들려줄지 궁금해서 귀를 쫑긋 세우고 들었습니다.

음악뿐만이 아니라 새들의 울음소리, 시냇물이 흐르는 소리는 물론이고 우리 인간의 심장 박동 소리와 같은 자연의 소리들이 대부분 $\frac{1}{f}$ 공식에 들어맞습니다. 사람들이 작곡한 음악은 그렇다

만델브로트가 들려주는 프랙탈 이야기

치더라도 인간이 공식을 만들어 내
기 이전부터 존재했던 자연의 소리
들이 공식에 맞는다는 것은 놀라운
일이 아닐 수 없습니다.

　이 때문에 사람들은 이렇게 해석
하기도 합니다. 자연의 소리가 먼저이고 인간이 음악을 만들 때
바로 그 자연의 소리를 흉내 내서 만들었기 때문에 그 둘의 패턴
이 $\frac{1}{f}$의 공식에 맞는 것이라고요.

　여러분의 생각은 어떤가요? 우리가 자연의 일부이기 때문에
자연의 소리에 마음의 편안함을 느낀다는 생각이 들지 않나요?

　이러한 사실을 알게 된 사람들은 아예 자연의 패턴을 음악으로
바꾸어 작곡을 하기도 하는데 이러한 음악 장르를 프랙탈 음악이
라고 합니다. 로키 산맥에 줄 지어 선 산봉우리들의 높낮이를 소
리로 바꾸어 만들기도 하고, 컴퓨터 프로그램에서 무작위로 수를
선택해 그 수에 해당되는 음으로 멜로디를 만들기도 합니다.

　자연의 모양과 흐름에 따라 만들어진 프랙탈 음악, 여러분이

앞에서 보았듯이 언뜻 보기에는 불규칙해 보이지만 그 속에 나름대로의 패턴을 가지고 있기에 더욱 특별한 음악이 아닐까요?

아이들은 만델브로트가 들려주는 프랙탈 음악을 감상하며 신기해했습니다.

자, 음악의 세계를 감상했으니 이번에는 미술의 세계로 탐험을 떠나 볼까요?

미술과 수학은 전혀 다른 영역의 이야기 같지요? 게다가 우리가 지금 관심을 갖고 있는 프랙탈과 어떻게 연결될지 궁금할 것입니다.

프랙탈 도형의 가장 큰 특징이 무엇이라고 했지요?

"자기 닮음성이요!"

그래요, 맞습니다. 바로 이 특징을 고스란히 미술 작품 속에 녹여 놓은 작품이 있습니다. 다음 작품을 한번 감상해 볼까요?

여러분에게는 이 작품이 무엇으로 보이나요?

에셔 〈천국과 지옥〉

에셔, 1898~1972

"천사 같아요."

"제 눈에는 박쥐로 보이는데요?"

그렇지요? 사람에 따라 빛나는 천사가 먼저 보이기도 하고 어두운 악마가 도드라져 보이기도 합니다. 이 작품은 네덜란드 화가 에셔Maurits Cornelis Escher의 작품인 〈천국과 지옥〉입니다.

원의 가운데에서부터 가장자리로 가면서 점차 크기는 작아지지만 닮은 그림이 연속적으로 배열되면서 공간을 빠짐없이 뒤덮고 있다는 것을 발견할 수 있지요? '공간을 뒤덮는다' 는 점에서 테셀레이션⁹의 대표적인 작품으로 꼽히기도 하 ➒ 지만 이 작품은 자기 닮음성을 잘 나타낸 프랙탈 작품으로 유명합니다.

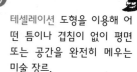

테셀레이션 도형을 이용해 어떤 틈이나 겹침이 없이 평면 또는 공간을 완전히 메우는 미술 장르.

로버트 파싸우어

에셔의 이러한 작품 세계를 기초로 테셀레이션과 접목하여 프랙탈을 완벽하게 구현한 사람은 바로 로버트 파싸우어Robert Fathauer입니다. 에셔의 〈천국과 지옥〉이라는 작품과 비교할 만한 파싸우어 박사님의 작품을 소개합니다.

이 작품의 제목을 한번 알아맞혀 보세요.

"장미꽃이 그려진 양탄자."

오호~, 그렇게 아름다운 제목을 붙여 주다니 분명 마음씨가
고운 친구임에 틀림이 없군요. 그런데 엉뚱하게도 이 작품의 제
목은 〈박쥐와 부엉이〉입니다. 자세히 보면 천사와 악마처럼 박
쥐와 부엉이가 교차되어 그려져 있는 것을 알 수 있지요.

자, 그렇다면 프랙탈 그림이라고 불리는 이런 그림은 어떻게
그려지는 걸까요?

먼저 정육각형을 그림과 같이 6등분 합니다. 그리고 가장자리
에 6등분하여 얻은 사각형의 닮은 모양을 덧붙여 나가면서 자기
닮음을 만들어 냅니다. 그렇게 수없이 반복하여 얻은 밑그림에

박쥐와 부엉이를 번갈아 가면서 배치하여 그리는 것이지요.

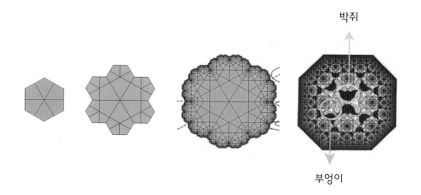

박쥐

부엉이

아이들은 이제야 알겠다는 듯이 고개를 끄덕이며 이런 작품을 더 보여 달라고 졸랐습니다.

좋아요, 파싸우어 박사님의 작품을 좀 더 보여드리지요.

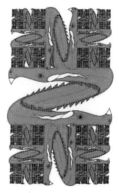

프랙탈 뱀

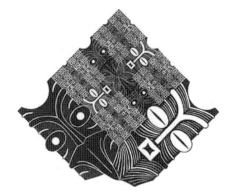

프랙탈 가면

어때요? 아까 보여준 것과는 조금 다른 느낌의 작품이지요? 특히 〈프랙탈 가면〉의 경우는 나무 조각 작품이라 더욱 신비로운 분위기가 느껴집니다.

여러분도 프랙탈을 예술로 승화시키는 데 동참할 수 있을 것 같지 않나요? 오늘 수업은 캠프에서 준비한 미술 도구들을 이용해 '프랙탈 ○○○'를 만들어 보는 것으로 마무리하겠습니다.

아이들은 에셔와 파싸우어처럼 멋진 작품을 만들기 위해 무엇을 소재로 할까, 골똘히 생각하면서 붓을 꺼내 들었습니다.

❶ 주파수가 그 빈도수와 반비례하는 음악을 $\frac{1}{f}$ 음악이라고 합니다.

❷ 자연의 소리 즉 새들의 울음소리, 시냇물이 흐르는 소리나 인간의 심장 박동 소리는 $\frac{1}{f}$ 음악의 공식에 들어맞고, 우리가 좋아하는 인기곡도 마찬가지로 이 음악의 공식이 적용됩니다.

❸ 에셔, 로버트 파싸우어는 테셀레이션과 접목하여 프랙탈을 미술 작품으로 구현했습니다.

우리 생활 속의
프랙탈

바쁘게 살고 있는 우리 주변 곳곳에
프랙탈이 스며들어 있습니다.
경제와 의학 속에 숨어 있는 프랙탈을
살펴보기로 하겠습니다.

일곱 번째 학습 목표

1. 주식 시장의 그래프에서 프랙탈을 찾아보고 그것의 효용성에 대해 생각해 봅니다.

2. 인간의 몸에서 찾은 프랙탈이 인류에게 어떤 도움을 주는지 살펴봅니다.

미리 알면 좋아요

1. 파킨슨병 1817년에 영국의 의사 제임스 파킨슨이 처음 알린 병으로 다른 이름은 진전振顫마비라고 합니다. 주로 50세 전후에 많이 생기는 병으로, 손발이 떨리고 근육이 굳어지는 것이 특징입니다. 대개 손발이 떨리는 것부터 시작되어 점차 전신 운동이 불가능해진다고 합니다. 이 때문에 몸이 앞으로 굽으면서 보폭이 짧아지는 보행 장애도 나타나며, 대화를 하거나 눈을 깜박이는 것도 어려워집니다. 병은 서서히 진행하여 사망까지는 10～15년 정도 걸린다고 합니다.

2. 뇌파 뇌의 활동에 의하여 일어나는 전류를 말합니다. 뇌파 신호는 뇌의 활동에 따라 또는 측정 시의 상태 및 뇌 기능에 따라 시공간적으로 변화하기 때문에 주로 간질, 뇌종양, 의식 장애 따위의 뇌질환 진단에 이용합니다.

파킨슨병을 앓았던 사람들

만델브로트의
일곱 번째 수업

지난 수업 시간에 여러분이 만든 프랙탈 작품은 캠프장에 마련된 전시장에서 감상할 수 있습니다. 여러분의 창의적인 아이디어가 에셔나 파싸우어 선생님을 능가하더군요. 모두에게 박수를 보냅니다.

이렇게 우리의 삶을 풍요롭게 해 주는 예술 작품에서도 프랙탈을 만나볼 수 있지만 경제나 의학과 같은 분야에도 프랙탈이 숨어 있습니다.

주식株式, Shares, Stocks 사원인 주주가 주식회사에 출자한 일정한 지분을 나타내는 증권을 말합니다.

여러분은 물론 주식⑩을 갖고 있지 않겠지요? 하지만 아마도 여러분의 부모님들께서는 갖고 계신 분들이 많을 것입니다. 가지고 있는 주식의 값이 많이 올라 근사한 저녁 외식을 한 적도 있을 테고, 반대로 많은 돈을 주고 산 주식의 가치가 터무니없이 떨어져서 속상해 하시는 모습을 본 적도 있겠지요.

왜 이런 기쁨과 슬픔이 엇갈리는 걸까요?

"그야 앞으로 일어날 일을 예상하기 어렵기 때문이죠."

정확하게 맞혔어요. 주식의 가격이 올라갈지, 혹은 내려갈지를 알 수 있다면 주식 때문에 슬퍼할 일은 없겠지요. 무슨 좋은 방법이 없을까요?

"함수의 그래프를 그려 보면 알 수도 있지 않을까요? 그런데 왜 아무도 해 보지 않는지 이해할 수 없어요."

그런 생각이 들기도 하겠지요. 우리가 지금까지 학교에서 배운 그래프들은 직선이나 매끈한 곡선들이 대부분이기 때문에 그것의 일부분만 그려 보아도 다음 그래프가 어떻게 될지 얼마든지 예상이 가능합니다.

예를 들어, 30cm 길이의 양초가 있는데 1분 동안 5cm씩 타

들어간다는 것을 알게 되었다면 그 그래프는 다음과 같이 그려
질 것입니다. 우리는 양초를 다 태워보지 않더라도 이 그래프를
보고 2분 후 양초의 길이를 예상할 수 있지요.

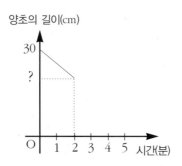

　그런데 주식의 가격을 나타내는 그래프를 그려보면 양초가 타
들어가는 것과 같은 식이나 규칙이 있다고 생각하기 어렵습니
다. 매우 복잡하기 때문이지요.

　이 때문에 보통 사람들은 그저 소문이나 감을 믿고 주식에 투
자할 수밖에 없었습니다. 그런데 바로 이렇게 들쑥날쑥한 그래
프에서도 규칙을 찾아볼 수 있게 되었습니다. 바로 프랙탈의 힘
을 빌려서 말이에요.
　물론 매우 복잡한 그래프인 만큼 그 속에 숨겨진 프랙탈에 여
러 성질이 섞여 있습니다. 즉 여러 종류의 그래프가 반복되면서

만델브로트가 들려주는 프랙탈 이야기

전체 주식 그래프가 만들어진 거지요. 만약 각각의 작은 그래프를 정확하게 찾아내 그것들이 반복되는 규칙을 발견한다면 전체 주식의 가격이 어떻게 변할지 예측할 수 있게 됩니다. 이런 이유 때문에 주식 관련 회사에서는 수학자들을 채용해서 곡선을 분석하고 그 규칙을 찾아내어 예측하게 합니다.

여러분이 갖고 있지 않은 주식 이야기를 하니 조금 어렵나요? 그럼 이번에는 우리 인간 모두와 관련된 인체의 프랙탈 이야기를 들려주죠. 우리 몸속에도 프랙탈 구조를 이루고 있는 것이 많았지요, 기억하나요?

"네, 혈관도 프랙탈 구조로 되어 있어요."

"폐와 뇌도 그래요."

그래요, 그러한 구체적인 조직들도 프랙탈을 품고 있지만 파킨슨병 환자의 걸음걸이, 심장의 박동 그리고 우울증 환자의 뇌파에서도 프랙탈이 발견됩니다. 그것을 파악하는 것은 환자들의 치료에 활용될 뿐 아니라 미리 병을 알아채는 데도 큰 도움이 되지요.

파킨슨병에 걸리면 팔, 다리 등 온몸이 떨리고 뻣뻣해져 몸동작이 느려질 뿐 아니라 몸의 중심을 잘 잡지 못하며 말도 제대로

하지 못합니다. 조금 어려운 말로는 '신경 퇴행성 질환' 이라고 하는데 주로 할아버지, 할머니들에게서 많이 나타나는 병입니다.

이 병의 가장 큰 증상은 첫 걸음을 떼기가 어렵고 일단 걷기 시작했더라도 보폭이나 속도가 매우 불규칙하다는 것입니다. 그런데 이렇게 특이한 걸음걸이를 관찰한 결과 숨어 있는 규칙을 발견해 냈습니다. 몇 분 동안 관찰한 걸음걸이가 하루 종일 관찰한 것과 매우 비슷하다는 것입니다. 즉 그 걸음걸이 속에 프랙탈 패턴이 있다는 것이지요. 환자의 몸에 센서를 부착해 걷는 속도와

보폭 등의 데이터를 수집하고 이것을 토대로 우리가 네 번째 수업에서 구했던 차원을 얻어 낸 결과, 보통의 정상인이 1.3차원인데 비해 이 환자들의 경우는 1.48차원인 것을 밝혀냈습니다.

이러한 프랙탈 차원을 이용하면 파킨슨병의 증세가 얼마나 심해졌는지를 알아낼 수 있고 이 수치에 따라 약을 투여할 시간을 조절할 수 있기 때문에 치료와 부작용을 줄이는 데 크게 도움을 줄 수 있습니다.

이 외에도 쿵쿵 뛰는 심장의 박동 역시 프랙탈 패턴을 따르고 있습니다. 이러한 심장 박동의 프랙탈 차원을 얻어 내어 심장병을 가진 환자들에게 도움을 줄 수도 있고 무엇보다 엄마 뱃속에서 자라는 아기의 심장에 이상이 있는지를 미리 알아낼 수 있답니다.

심장을 소재로 한 프랙탈 모형

프랙탈은 우울증이나 치매 등의 정신질환에도 그 유용성을 발휘합니다. 치매는 두 가지 종류로 구분할 수 있는데 뇌의 혈관이 막혀서 생긴 혈관성 치매와 특정한 단백질이 신경세포를 덮어 생기는 알츠하이머형 치매가 그것입니다. 이 둘은 각기 다른 치료제를 사용해야 하는데 구별하기가 매우 힘들어 어려움이 많았다고 합니다. 하지만 프랙탈이 해결책을 내놓았어요. 둘의 프랙탈 패턴이 다르기 때문에 뇌파를 측정하여 그 패턴을 비교함으로써 구별할 수 있게 된 것이지요.

이렇게 우리의 삶 속에서 발견되는 프랙탈은 아름다움과 신기함에 그치지 않고 우리의 생활과 건강에 유용한 힘을 발휘합니다.

어떤가요, 여러분? 해안선의 길이에서 출발한 우리들의 이야기가 정말 많은 곳에서 발견된다는 것을 알게 되었지요?

"그런데 선생님, 선생님은 어떻게 이러한 것에 관심을 가지게 되었나요?"

언제 이 질문을 받게 되나, 캠프 수업 내내 기다리고 있었답니다. 오늘은 시간이 많이 흘렀으니 나의 이야기는 다음 시간에 들려주도록 하지요.

만델브로트가 들려주는 프랙탈 이야기

1 주가 그래프 속의 그래프들을 정확하게 찾아내고 그것들이 반복되는 프랙탈적인 규칙을 발견한다면 전체 주식의 가격이 어떻게 변화할지 알 수 있습니다.

2 파킨슨병 환자들의 걸음걸이 속에 숨은 프랙탈 패턴, 심장 박동의 프랙탈 패턴, 우울증 환자의 뇌파에 나타나는 프랙탈 패턴을 이용해 병을 조기에 발견할 수 있고, 환자들의 치료에도 활용할 수 있습니다.

프랙탈 기하학의 아버지

프랙탈에 대한 관심은 언제 그리고 어떻게 출발하게 된 것일까요?

또 그 중심에 서 있는 만델브로트는 어떤 사람일까요?

프랙탈 기하학이 수학의 역사에서 가지고 있는 의미에 대해 알아보기로 합시다.

1. 프랙탈 기하학이 출발하게 된 계기를 알아봅니다.
2. 프랙탈 기하학의 아버지인 만델브로트 박사가 누구인지 알아봅니다.

미리 알면 좋아요

제2차 세계 대전 세계 경제공황 후 1939년에서 1945년까지 모든 강대국들이 참여한 전쟁입니다.

주요 참전국은 독일, 이탈리아, 일본과 프랑스, 영국, 미국, 소련, 중국이상 연합국이었습니다. 제1차 세계 대전이 해결하지 못하고 남겨두었던 분쟁이 20년 동안의 불안한 잠복기를 거쳐 다시 폭발한 제2차 세계 대전은 여러 면에서 볼 때 제1차 세계 대전의 연장이라고 할 수 있습니다.

이 전쟁 이후에 소련의 세력이 동유럽 여러 나라까지 뻗치게 되었고, 중국에서는 공산당 정권이 수립되었으며, 세계의 지배력이 서유럽 국가에서 미국과 소련으로 옮겨가는 결정적 계기가 되었답니다. 4000만~5000만 명의 사망자를 낸 제2차 세계 대전은 인류 역사상 가장 큰 전쟁인 동시에 가장 피비린내 나는 전쟁이었다고 하지요.

만델브로트의
여덟 번째 수업

평소보다 더 멋진 모습의 만델브로트가 등장했습니다.

여러분, 오늘은 약속대로 내가 프랙탈에 어
떻게 관심을 갖게 되었는지, 나에 관한 이야
기를 들려주도록 하겠습니다.

만델브로트, 1924

아이들은 모두 눈망울을 빛내며 호기심 어

린 눈빛으로 만델브로트를 바라봤습니다.

　나는 1924년 폴란드의 수도인 바르샤바의 유태계 리투아니아 가정에서 태어났습니다. 하지만 그 당시 정치적인 상황이 좋지 않아 저의 삼촌인 수학자 졸렘 만델브로트가 살고 있던 프랑스 파리로 이사를 했습니다. 나의 아버지는 의류 도매업을 하셨고, 어머니는 치과 의사셨지요.

　여러분은 2차 세계 대전을 알고 있나요? 강대국이 중심이 되어 일어났던 이 전쟁은 독일, 이탈리아, 일본과 이에 맞서는 프랑스, 영국, 미국, 소련, 중국이 연합군이 되어 싸웠습니다. 전쟁

어서 전쟁이 끝나
맘 놓고 공부를 할 수
있었으면 좋겠어.

만델브로트가 들려주는 프랙탈 이야기

이 일어나자 나는 독일 나치군을 피해 또다시 몇 개의 옷가방만 달랑 든 채 사람들과 함께 남쪽으로 피난을 떠났습니다.

툴레라는 곳에 도착해서는 견습 도구공으로 일하기 시작했기 때문에 아쉽게도 학교 교육은 제대로 받은 적이 없었습니다.

여러분은 구구단을 모두 외우고 있나요? 언제 그것을 배웠지요?

아이들은 그것도 모르는 사람이 있느냐는 표정이었습니다.

"초등학교 2학년이면 다 아는 것 아닌가요?"

사실 나는 알파벳은 물론이고 구구단조차 배울 기회가 없었습니다. 5단 이상은 외지도 못했지요. 하지만 전쟁이 끝나고 에꼴 노르말과 에꼴 폴리테크닉이라는 학교의 입학시험에 응시해서 당당히 합격했답니다. 나에게 몇 가지 놀라운 재능이 있다는 것을 그때 처음 알게 되었지요. 그것은 바로 기하하적 직관이라는 것입니다.

아이들은 잘 이해가 가지 않는지 설명을 해 달라고 부탁했습니다.

좋아요. 그럼 예를 들어 볼게요. 내가 구구단도 제대로 못 배웠다고 했지요? 그러니 입학시험에서 치르는 어려운 수학 문제들을 계산하는 방법도 물론 배우지 못했어요. 하지만 나는 그러한 수학 문제들을 해결할 수 있었습니다. 마음속에 그린 어떤 형태들을 바탕으로 생각을 이끌어 답을 얻어낼 수 있었던 것이지요.

물론 그림을 그리기 어려웠던 다른 과학 과목의 점수는 어쩔 수 없이 낮았습니다. 하지만 나에게 기하에 대한 이런 강한 능력

이 있었기에 수식에 얽매이지 않고 전체적인 모양에서 특징을 찾는 일을 더 잘 할 수 있었는지도 모르겠습니다.

아이들은 수학 문제를 모두 그림을 통해 풀었다는 말에 입을 다물지 못했습니다.

그렇게 우여곡절을 겪으며 공부한 나는 IBM연구소에서 일하게 되었습니다. 그곳에서 통신을 받고 보내는 데 생기는 오차를 해결하는 문제를 풀다가 우리가 앞서 살펴본 칸토어의 집합을 떠올리게 되었지요. 이를 이용해 통신 오차의 분포를 나타내는 방법을 알아낼 수 있었습니다. 물론 나의 방법으로 계산한 오차는 실제의 오차와 정확하게 들어맞았지요.

그러면서 나는 이집트의 나일 강이 불어났다 줄어들었다 하는 1천년 동안의 변화 기록에 관심을 갖게 되었고, 10년 동안 미국의 면화 가격 그래프를 연구하게 되었습니다. 이러한 연구를 통해서 자연과 사회의 복잡함 속에 일정한 질서가 있음을 알게 되었고, 구체적인 연구 자료로 영국의 리아스식 해안선의 길이에 대해서도 관심을 갖게 되었습니다.

"그래서 캠프의 첫 수업 시간에 해안선의 길이를 잰 거군요."

이 문제는 사실 내가 맨 처음 연구한 것은 아닙니다. 별로 유명하지는 않지만 영국의 과학자인 루이스 리처드슨이 죽고 난 후 발표된 논문이 있었지요. 이 놀라운 과학자는 시대를 앞서 프랙탈의 근원이 될 수 있는 많은 문제를 연구하고 있었습니다. 특히 해안선과 구불구불한 국경선에 의문을 느끼면서 스페인과 포르투갈, 벨기에와 네덜란드의 자료들을 검토했는데, 놀랍게도 실제 국경선의 길이와 20%에 달하는 차이가 있음을 발견했습니다.

이러한 연구에 빠져 들면서 해안선이나 국경선과 같은 문제들은 지금까지 우리가 배워 왔던 유클리드 기하학으로는 설명할 수 없음을 깨달았습니다. 그래서 캠프에서 여러분이 했던 과정들을 거치면서 프랙탈 기하학이 탄생하게 되었고, 소수 차원인 프랙탈 차원의 개념을 만들게 되었답니다. 바로 이런 이유로 내가 프랙탈 기하학의 아버지가 될 수 있었던 거지요.

모든 것이 순조로운 것은 아니었습니다. 제가 1967년 영국의 과학 잡지 《사이언스》에 〈영국을 둘러싸고 있는 해안선의 총길이는 얼마인가?〉라는 논문을 통해 이러한 프랙탈 이론을 발표했을 때 당시의 저명한 학자들조차 모두 외면하여 마음이 많이 아팠지요.

하지만 오래 지나지 않아 컴퓨터가 급속한 발전을 이루고, 혼

돈 이론과 더불어 프랙탈 이론에 대한 세상의 관심이 커지자 말

도 안 된다고 내 논문을 구석으로 밀어 두었던 사람들이 먼지를

털면서 다시 내 논문을 읽기 시작했습니다.

만델브로트의 이야기를 듣던 아이들은 모두 박수를 보내 주었

고 만델브로트는 쑥스러운 듯이 머리를 긁적였습니다.

고마워요, 여러분! 하지만 나는 아주 작은 씨앗을 뿌렸을 뿐입

만델브로트가 들려주는 프랙탈 이야기

니다. 지금까지 여러분에게 소개한 많은 사람들이 과학, 음악, 미술, 경제, 의학 등의 분야에서 프랙탈을 연구하고 응용하고 있지요. 더 나아가 컴퓨터라는 도구를 이용해서 이론적으로 완벽한 프랙탈을 구현하고 있습니다. 아마 컴퓨터의 발전이 그토록 빠르지 않았다면 나의 연구는 좀 더 늦게 세상의 관심을 받게 되었을지도 모릅니다.

그래서 캠프의 마지막 수업 시간에는 컴퓨터와 프랙탈에 대한 시간으로 꾸며 보려고 합니다. 다음 시간에는 캠프장 끝에 있는 컴퓨터실에서 만나기로 해요. 아름다운 프랙탈의 세계로 여러분을 초대할게요.

여덟번째
수업 정리

① 만델브로트는 놀라운 기하학적 직관을 가지고 있었습니다. 이러한 능력을 바탕으로 자연과 사회의 복잡함 속에서 일정한 질서를 발견하게 되었습니다. 또한 구체적인 연구 자료로 영국의 리아스식 해안선의 길이에 관심을 가지게 된 것이 프랙탈 기하학 탄생의 배경이 되었습니다.

② 프랙탈 기하학은 탄생 당시에는 학계의 무관심을 받았지만 컴퓨터의 급속한 발달과 더불어 재조명되었습니다. 지금은 많은 분야에서 관심을 갖고 연구하며 우리 생활 속에서 응용되고 있습니다.

컴퓨터와 프랙탈의
찰떡궁합

컴퓨터가 있었기에 프랙탈의 성장이 더욱 빨랐다고
할 수 있습니다.
컴퓨터로 구현되는 프랙탈의 세계를 소개합니다.

1. $Z = Z^2 + C$가 가지는 의미를 알아봅니다.
2. 컴퓨터가 프랙탈 기하학에 기여한 역할을 알아봅니다.

미리 알면 좋아요

1. 줄리아 가스통Julia Gaston 프랑스의 수학자. 줄리아 집합의 창시자로 만델 브로트의 스승이기도 합니다.

2. 프랙탈 아트 프랙탈을 이용한 예술 작품들을 '프랙탈 아트'라고 하고, 그 러한 작품을 만드는 사람들은 '프랙탈 아티스트'라고 한답니다.

만델브로트의
아홉 번째 수업

오늘은 컴퓨터실에서 수업을 하겠습니다. 사실 프랙탈은 가장 나중의 것을 보면 매우 복잡해 보이지만 그 근원으로 거슬러 올라가 보면 매우 단순한 것에서 출발합니다.

여러분, 코흐의 눈송이를 기억하나요? 무엇에서 출발했지요?
"정삼각형이요."

$$"3 \times \frac{4}{3} \times \frac{4}{3} \times \cdots"$$

  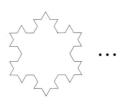 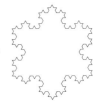

변 길이의 합 :

3

변 길이의 합 :

$3 \times \frac{4}{3}$

변 길이의 합 :

$3 \times \frac{4}{3} \times \frac{4}{3}$

변 길이의 합 :

$3 \times \frac{4}{3} \times \frac{4}{3} \times \cdots$

그래요, 잘 기억하고 있군요. 단순한 정삼각형에서 출발해서 일부분을 제거하고 닮은 도형을 덧붙여 나가는 작업을 반복하다 보면 복잡하긴 하지만 아름다운 코흐의 눈송이가 탄생하게 되지요.

사실 내가 최초로 만들었던 프랙탈도 이것만큼 단순한 식에서 출발했습니다.

$$Z = Z^2 + C$$

이렇게 문자가 들어있는 식을 무엇이라고 부르나요?

"방정식이요."

"그런데 이 방정식의 근은 무엇인가요?"

이 식은 여러분이 보통 생각하는 것처럼 식을 만족하는 Z, C의 순서쌍을 찾기보다는 우변에 있는 Z와 C에 숫자를 넣은 후 그 값을 왼쪽의 Z로 주어야 합니다. 그리고 바뀐 Z의 값을 다시 우변에 넣는 거지요. 위의 식보다는 다음의 표현이 더 알아보기 쉬울 것입니다.

$$Z^2 + C \rightarrow Z$$

아이들은 그래도 머리가 혼란스럽다며 좀 더 쉽게 설명해 달라고 했습니다.

그래요. 이런 경우엔 직접 숫자를 넣어 보는 것이 좋겠어요.

좌변의 Z와 C를 각각 $Z=3$, $C=1$이라고 해 봅시다. 문자들 대신 주어진 숫자를 넣어 계산해 주면 $Z^2 + C = 3^2 + 1 = 10$이 됩니다. 그 10을 다시 Z라고 해 두는 거지요. 그렇게 구한 Z를 다시 좌변의 식에 대입합니다. 그러면 $Z^2 + C = 10^2 + 1 = 101$이 되겠지요? 그리고 이 101을 다시 좌변의 Z대신 넣어 계산한 수를 얻어내는 방식을 반복하는 겁니다.

z	c	z^2+c	z
3	1	3^2+1	10
10	1	10^2+1	101
101	1	101^2+1	...

결국 이 식은 계산을 반복하면서 현재의 상태를 계속 새로운 상태로 변화시킵니다. 그런데 이 식에서 최초의 Z와 C에 어떤 수를 주느냐에 따라 식의 값 변화가 서로 달라지게 되겠지요? 나도 이러한 점을 눈치 채고 C의 값에 다양한 값을 넣어 보았습니다. 그리고 특별한 결과를 가져다주는 C값들만 모아 컴퓨터 화면 위의 점으로 표현해 보았지요. 여러분의 컴퓨터에서 프로그램을 이용해 이 값들이 점으로 표현된 것을 볼 수 있을 것입니다.

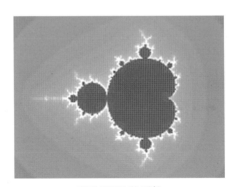

만델브로트의 집합

어때요? 여러분의 눈에는 무엇처럼 보이나요?

만델브로트가 들려주는 프랙탈 이야기

"벌레 같아요."

"잉크를 떨어뜨린 것 같아요."

아이들은 간단해 보이는 방정식이 이렇게 희한하게 생긴 그림을 그린다는 사실에 감탄하면서 다양한 반응을 보였습니다.

그래요, 나도 납작하게 눌려 있고 가장자리에는 수없이 많은 촉수 같은 것이 달려 있는 벌레처럼 보였어요. 그런데 더욱 특이한 것은 이 화면을 확대해서 보면 더 세부적인 형태만 나올 뿐 단순해지기는커녕 더 복잡한 구조들이 나온다는 점입니다.

여러분도 화면을 확대해서 보고 무엇이 보이는지 말해 보겠어요?

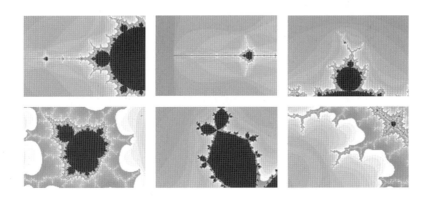

"납작해진 벌레가 또 있어요."

"꽃잎 같은 게 보이는데요."

"선인장 같아요."

사실 우리가 프랙탈을 완벽하게 구현해 보려면 무한히 반복하는 작업을 해야 합니다. 하지만 이것은 우리 인간의 손으로는 하기가 힘든 작업이지요. 하지만 컴퓨터가 급속도로 발전함에 따라 이러한 일이 가능해졌어요. 반복적인 수행을 할 수 있게 방정식을 주고 초기 값만 넣어 준다면 무한한 작업을 수행할 뿐 아니라 그것을 빠른 속도로 그래픽으로 표현해 주기까지 합니다.

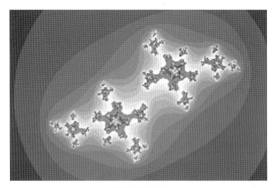

줄리아 집합

사실 위와 같은 만델브로트 집합이 나오기 훨씬 전인 1918년 프랑스 수학자인 줄리아 가스통의 식에서 나오는 달리 C값을 고정해 두고 특별한 Z값들을 찾아내 점들을 표현한 적이 있습니다. 그 점들의 집합은 줄리아 집합이라고 불리는데 그래픽으로

만델브로트가 들려주는 프랙탈 이야기

표현하면 여러분의 컴퓨터에서 보듯이 또 다른 프랙탈 도형이
만들어집니다.

아름답지요? 아마 줄리아가 살던 시절에 컴퓨터가 있었다면
내가 누리는 이 모든 영광이 줄리아의 것이 되었을지도 모릅니다.

이런 아이디어를 이용한다면 너무나도 다양한 프랙탈 작품들
을 만들어 낼 수 있답니다. 우리의 눈까지 의심할 정도로 말이죠.

자, 이제 여러분의 컴퓨터 화면에 있는 '자연'이라는 폴더를 열어보세요.

어때요, 여러분? 창밖으로 보이는 하늘과 다를 바가 없지요? 이것은 하늘을 찍은 사진이 아니라 컴퓨터에 입력된 식으로 만들어 낸 하늘의 컴퓨터 그래픽입니다.

"우아~."

"그럼 다른 자연들도 만들어 낼 수 있어요?"

그럼요, 고사리를 만들어 볼까요? 처음에는 아주 단순한 것으로 시작해 수없이 반복하게 하면 고사리 잎과 다름없는 이미지를 만들어 낼 수 있습니다.

만델브로트가 들려주는 프랙탈 이야기

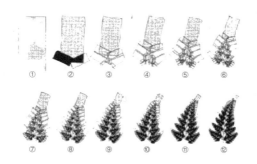

마찬가지로 산을 형성하는 것도 가능합니다.

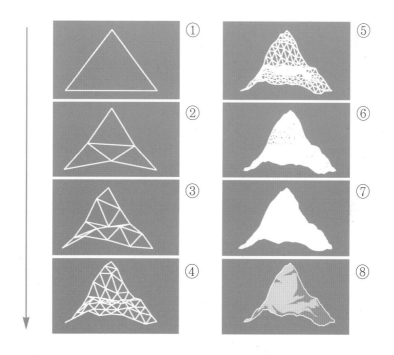

라일락꽃은 물론이고 여러분이 상상하는 모든 것이 가능하다

고 할 수 있어요. 뿐만 아니라 이러한 자연계의 이미지를 만들어

내는 프랙탈 공식을 이용해 컴퓨터 그래픽으로 작품을 만들어 내는 작가들도 많이 있습니다. 다음 작품을 보세요.

안광준 작품

굉장히 신비로우면서 꿈을 꾸는 듯한 느낌을 주지요? 이러한 작품을 프랙탈 아트라고 하는데 가상현실의 세계를 만들어 냅니다.

이번에는 여러분의 컴퓨터 폴더에서 '프랙탈 아트'를 열어보세요.

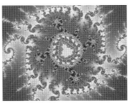

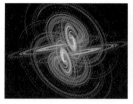  

어때요, 정말 아름답지요? 어떤 작품은 새의 날개, 성난 파도,
우아한 꽃잎과 같이 자연과 닮아 있다는 느낌도 든답니다.

9일 간의 프랙탈 캠프를 통해 프랙탈의 의미가 무엇인지, 우리의 삶과 우리를 둘러싸고 있는 자연에서 느낄 수 있는 프랙탈은 어떤 것들이 있는지 여러분에게 보여 주기 위해 노력했습니다. 결국 프랙탈이란 사람이 만들어 낸 것이라기보다는 의식하지 않고 있던 우리의 모습과 자연을 비로소 느낀 결과라는 점을 생각해 보기 바랍니다.

아이들은 아쉽지만 뿌듯한 표정으로 만델브로트와 작별의 인사를 나누었습니다.

만델브로트가 들려주는 프랙탈 이야기

❶ 아름답지만 매우 복잡해 보이는 프랙탈도 사실 그 근원은 단순한 방정식에서 출발했습니다. 바로 $Z=Z^2+C$라는 방정식이랍니다.

❷ 컴퓨터의 발달로 인해 프랙탈 기하학의 발전은 더욱 가속화되었습니다. 컴퓨터와 프랙탈이 만나 창조해 내는 세상에는 멋진 것이 많습니다. 이것과 관련된 작품들 역시 다양합니다.